动机

李广春　著

需求

孔學堂書局

图书在版编目（CIP）数据

动机需求 / 李广春著. -- 贵阳 : 孔学堂书局,
2025. 5. -- ISBN 978-7-80770-737-0

Ⅰ. B842.6

中国国家版本馆CIP数据核字第20252HX396号

动机需求

李广春　著

DONGJI XUQIU

责任编辑：马　燕　阮　甜
责任印制：张　莹

出版发行：贵州日报当代融媒体集团
　　　　　孔学堂书局
地　　址：贵阳市乌当区大坡路26号
印　　刷：三河市兴博印务有限公司
开　　本：700mm×1000mm　1/16
字　　数：170 千字
印　　张：13.5
版　　次：2025 年 5 月第 1 版
印　　次：2025 年 5 月第 1 次印刷
书　　号：ISBN 978-7-80770-737-0
定　　价：69.80 元

图书若有质量问题，请拨打以下电话进行调换。
电话：0316-5166530

自
序

你真的了解动机需求吗？

1.为何需要"找乐子"

无论在工作还是生活中，我们都会遇到形形色色的人。对不同的人，我们有着不同的评价，如某人让你感到温暖，你愿意和他相处。而另一个人特别有原则，让你有很强的安全感，你觉得他很靠谱。第三个人跟你三观不合，你一分钟都不想跟他多待……

这些感受是我们平时不可避免会有的，而它们又影响着我们各方面的选择，这些选择不限于我们的学业或工作方向、伴侣、孩子的教育。其实，从大的方面来说，这些都属于心理学的范畴。

生活中的这些点点滴滴，是我们所关注的东西对我们自身感受的立体直观地呈现，它影响了我们对生活的追求，决定了我们的生活方式，指引着我们与他人相处的模式，同时阐述了什么样的生活对我们而言是有意义的和充满幸福感的。

在这里，我想到了一个有趣的名词——快乐情绪，我姑且将这个名词等同于"找乐子"。如果我说当今的人都很会"找乐子",你认同吗?有人可能会说,我连现实生活中的压力都排解不了,工作都做不完,怎么可能会去"找乐子"?有人可能会反驳说:"你不懂吃喝玩乐,不懂享受生活,那是因为你太愚钝,你这样怎么可能过好日子呢?"这是对相同事物所做出的两种截然不同的反应,也代表了两种人对待生活的不同的理念和态度,而在这背后起作用的依然是需求,从一定意义上说,也可以用我倡导的价值心理学来解释。

其实,"找乐子"本质上是人们在日常生活中寻找快乐、放松或舒缓压力的一种方式,让人们在忙碌或枯燥的事务中获得片刻的欢乐和满足。其形式因人而异,覆盖范围很广,总的目标就是获得愉悦感和满足感。

而更高层次的"找乐子",是寻找生活中能够给予我们持久主观幸福感的东西。这种东西可能来源于我们对工作成就的追求,也可能是帮助他人而给自己带来的内心愉悦,还可能是大脑得到知识的滋养……当我们知道什么能带给我们真正的快乐时,我们就可以尽情地去汲取其中的"养分",让我们茁壮成长。

2.人生中什么最重要

每个人都有自己的价值观,价值观就仿佛是一张欲望需求清单,这张清单展现了作为独立存在的个体的优先需求、动机和意识。人们对事物的需求等级各不相同,在内在动机的驱使下,我们得以明确什么样的生活可以让我们满意。价值观能够清晰地告诉我们人生价值的所在,影响我们的生活方式,引导我们如何与社会相处。了解了自己的价值观,我们就能更好地遵从内心,活出自我满意、和谐愉悦的人生。同时,如果能够客观认识并尊重他人的价值观,那么我们就能更好地处理生活、工作中的人际关系。

　　在这里，我想引用一个小故事。有一天，有位禅师问他的弟子："对一棵大树而言，什么是最重要的呢？"弟子们纷纷回答，有的说叶子最重要，有的说花，还有的说果实。禅师微笑着回答："无论叶子、花还是果实，都是我们肉眼所见的表象，真正重要的往往并不是这些显而易见的东西。"

　　弟子们有些疑惑，于是请教禅师："那对一棵大树来说，什么才是最重要的呢？"禅师道："不论是对一棵大树还是对一个人来说，最核心、最重要的部分都常常隐藏在我们肉眼无法看到的地方，不是那么容易被发现的。对大树来说，是什么让它拥有挺拔的树干、繁茂的枝叶？又是什么让它开花结果呢？那一定是养分。

　　"养分从何而来？养分当然是树根从土壤中吸收来的。树根和养分是大树的生命之源，但根系深藏于地下。正是这些核心的东西，支撑着我们肉眼看到的茁壮、美丽的大树。如果树根无法吸收养分，大树就无法茁壮成长。"

　　对一棵大树来说，最重要的并不是我们肉眼可见的部分，而是深藏于地下的根系及其吸取的养分。同理，我们人生中最重要的部分，也常常隐藏于表象之下。那么，作为人，什么是我们的核心？

　　我还是要以一个故事来回答这个问题。一位先生和一位漂亮的女士约会。在约会前，先生做足了功课，他找了家口碑不错的餐厅，特意打电话预订了风景极佳的座位。

　　在约会当天，先生早早来到餐厅，为女士开门，引导她朝预订的位置走去，并为她拉开椅子，以便落座。女士被先生优雅的举动深深所打动，觉得自己得到了十足的尊重，对先生的印象分大为提升。先生觉得女士长相甜美，温柔有气质，对她也非常满意。

　　两人相谈甚欢，一边享用着可口的食物，一边感受着优美环境所营造的浪漫氛围。在认定对方可能就是自己想要找的人后，两人便进行了更为深入的对话，分享各自的兴趣爱好，想要更好地了解彼此。女士说："我每个周末都会在家里做饭，我觉得生活就应该有烟火气。如果家里不开火，那生活还有什么意思呢？"男士听了心中暗喜，心想这正是自己想要找的女生。

两人意犹未尽，决定去隔壁的电影院看一场电影。先生起身准备去买单，然而就在这时，一位年轻的服务员不小心把果汁洒在了女士的座位上。女士立刻怒吼道："你怎么搞的？连这么简单的事情都做不好！"先生不想让意外事件破坏愉悦的氛围，便安抚女士道："算了，不要计较了，我们走吧。"于是，女士带着不满情绪，跟随男士离开了餐厅。

在路上，女士不停地向先生抱怨："今天算他走运，也就是碰上了我。要是我妈妈在场，绝对不会轻易放过他，一定会让他丢掉一个月的工资，甚至被餐厅开除！"听了这些话，先生惊讶不已，心想服务员可能只是因为缺乏经验或过于紧张才出了这样的差错，真的需要为此付出这么大的代价吗？

"禅师讲树"的故事说明了最重要的东西往往隐藏于表象之下，比如大树的树根、人的价值观等；"男女约会"的故事则折射出人们对事物的反应往往取决于其最重要的动机或价值观。

在日常生活中，人们会基于表象的相似性而产生认同感，所谓的表象相似性类似于对外在的某种期待：理想中的女孩应该是什么样子的，比如她的外貌、穿着和气质；期待相伴一生的男生应该是彬彬有礼的……当这些表象的特质被眼睛捕捉到时，人们便能很快感受到彼此的吸引力和相似性。

然而，更为深层的东西，即所谓的"内核"，是无法通过表象来获知的。人的内核是什么呢？可以理解为在面对矛盾和冲突时，一个人所依赖的价值体系，它是指引人们应对问题的关键，而只有在深入互动和沟通后，它才能显现。

价值观不同，对事情的处理方式也会截然不同。价值观是指一个人在思考、行动和决策时所遵循的基本信念、原则和判断标准，它决定了我们看待世界、处理人际关系、做出选择的方式，影响着我们的生活和工作。

就像大树的根系深藏于地下，不会轻易被看到，却是整棵树生长的根基，一个人内在的核心信念系统虽然看不见、摸不着，却能深刻影响其决策和行为，是这个人做什么、不做什么的根本依据。如此重要的内核往往是内隐的，人们很难直接意识到它的存在，而它又无时无刻不在影响着我们的思考模式、情感反应，以及与他人的互动方式。正如一棵树的外观（枝叶、花、果实）不能反映出它根系的状态，一个人的外在表现（如样貌、行为、语言、成就）也不能完全代表他的内心。我们往往只看到他人的外貌、言行和成就，却看不到支撑这些表象的价值观体系。

3.早期经验的特殊意义

价值观是个体内在的根本驱动力，它们虽然不容易被觉察，却影响着我们的每一个决定和行为。就像大树依赖根系生长一样，我们的生活、行为和成就都依赖这些深层次的价值观。认识和理解自己的价值观，可以让我们更好地与自己和他人相处，做出符合自己内心的选择，从而过上更有意义的生活。

我们从小通过观察和模仿身边的人，逐渐建立起自己的行为模式和价值体系。在牙牙学语的年纪是模仿父母的语言、表情，把这些当作交流的模板；蹒跚学步时，我们观察父母如何走路、如何运动，这些成为我们最初的行为范例；当我们稍大一些，有了自己的伙伴，我们也会观察父母对待伙伴的态度，这些互动构成了我们对人际关系的最早认知。

这些从小形成的行为模式和价值观，到了我们成年之后，无论我们有意还是无意，它们都会在我们的生活中发挥强大的影响力。它们是我们与他人相处时的内在指南，也是我们做出选择的重要依据。

当我们面对问题，大脑会无意识地调用记忆中的行为模板，这些模板帮助我们找到当前问题的最佳解决方案，即使我们并不完全清楚该如何处理，但因为在过去的某个时刻曾见过或经历过类似的场景，比如父母是如何应对的，我们也会在不知不觉中将这些经验套用到当前的处境中。这就如同大树的根系深藏不露，却深刻影响着大树的生长。对我们来说，这些隐蔽却重要的东西，往往源于我们的原生家庭，对我们有着深远的影响。

随着年龄的增长，我们有了童年的玩伴，和小伙伴们一起在田间捉蝴蝶、在草地上抓蛐蛐……当饥饿时，我们会跑到红薯地里挖一只红薯充饥……在这些过程中，我们学会了基本的生存技能，也掌握了解决温饱问题的本领。这些经历塑造了我们早期的行为模式，也为我们日后的成长打下了基础。

早期经验对人而言是何种存在呢？

心理学家阿尔伯特·班杜拉（Albert Bandura）提出了社会学习理论，强调观察和模仿他人的行为在个体成长过程中的重要性。个体通过观察父母、同伴和周围环境中他人的行为，形成了自己的行为模式。学习的不仅仅是外显的行为，还包括内隐的思维方式和应对策略。如"大脑无意识调用模板"就是社会学习的结果，这些模板在个体面对相似问题时被自动激活并应用。

人们在面对某种情境时，会根据过往的经验自动生成一系列应对的行动"脚本"，即认知脚本理论。这些脚本是储存在大脑中的行为模板，帮助个体快速反应并解决问题。这个过程多是自动化和无意识的，是人类应对复杂环境的高效策略。

心理学家穆雷·鲍恩（Murray Bowen）提出家庭系统理论，认为原生家庭是个体心理和行为模式的基础。原生家庭中的互动模式、情感反应和解决问题的方法深刻影响着个体的认知和行为方式。这种影响是持久的，尤其在个体尚未具备独立判断能力时，父母和其他家庭成员的行为会作为行为模板被孩子内化，并在其成长过程中不断被应用。

这里有一个真实案例，有个女孩，她的父母在她很小的时候就分开了。她的母亲是一位情感炽烈的女士，酷爱金钱，喜欢打扮，却待人严苛。女孩童年时跟随妈妈颠沛流离，住在不同的男人家里，她常常觉得自己是那个不受欢迎的人，所以她很敏感，会质疑自己是否有存在的必要。她妈妈的那些男朋友，她觉得都不可靠，所以在她的世界里，男人约等于不靠谱。

成年后，她经历过几段感情，她隐隐觉得似乎哪里出现了一些问题，在与异性交往时，她总是惴惴不安。在这种状态下，她几乎不可能把自己交给一个不被信任的异性，于是她尝试寻求心理书籍的帮助。虽然她一直在努力提升自我，但效果不佳。

在这个故事中，女孩在原生家庭中没有得到足够的滋养，再加上童年的颠沛流离，使她对自我产生了质疑，也对异性充满了不信任。女孩成长为一个女人后，她的择偶观和行为模式受到了这些经历的深刻影响，她持有"男人都不可靠"的观念，认为"天下的男人没有一个好东西"，不相信男性。这些"经验"就是她内心深处的根系，支配着她的思想和行为。

4.激发成事的强大动力

有三个场景，我想与大家分享。

场景一：一家销售公司的老板，在面对销售指标未完成时，会采取什么办法呢？大部分的老板会选择追溯公司的日程管理，或分析销售员的工作效率……有这样的行为模式，正是老板的价值观在起作用，他们通过自己的信念和经验来理解和应对公司所面临的问题。

场景二：如果孩子高考没有取得理想的成绩，家长们通常会怎么做呢？部分家长可能会做出指责的行为，比如会说"你看你，但凡多用点功，成绩都不可能如此"；还有部分家长可能会反思，是不是孩子的营养没跟上，导致其思维敏捷度受限？是不是复习资料质量有问题或没选对，又或者说是不是做得不够多？是不是学校有问题？是不是学校的老师不够专业、不够优秀，把自己的孩子给耽误了呢？

场景三：大家都非常熟悉乒乓球运动员邓亚萍，邓亚萍出生于一个乒乓球世家，她的父亲是一位专业的乒乓球运动员，她5岁时，父亲就开始教她乒乓球技能，她在很小的时候就追随着父亲到处参加比赛。在整个职业生涯中，邓亚萍取得了多次世界冠军的傲人成绩。有意思的是，她最初是被国家队拒之门外的，原因是身高不符合选拔标准。选拔人员有理由相信，一个先天条件不足的运动员，不可能在职业运动生涯中取得什么好成绩。

这三个场景，都是对结果的思考。人们习惯于对结果进行行为追溯。销售公司的老板认为，销售指标没达成，是因为销售员不够兢兢业业，付出不够多；当考生考试失利时，家长理所当然地认为是孩子不够努力。但是什么原因让一个没有先天优势的乒乓球运动员取得了多项世界冠军的傲人战绩？仅仅是因为她够努力吗？

行为追溯本身并没有问题，但我们可能忽略了一个细节。人是复杂的有机体，有些人把时间荒废在谈恋爱、打游戏、工作"摸鱼"上，有些人却考上了理想的大学，成为销售冠军，赢得了奖牌，究竟是什么驱动我们做出了不同的选择？

价值观决策系统具有复杂的运作机制，当一个人有某种内在的需求和欲望时，就会形成某种信念体系。这种信念体系指引着个体对事物的认知，个体的认知会引发对行为的不同考量，从而形成我们眼前的种种或满意或不满意的结果。

佛家讲有因才有果，只一味地要求果，而无暇顾及因，那所有的努力就变得微不足道。销售员没有完成销售目标，可能是因为他厌倦了与人打交道，他真正想要的是陪伴孩子，见证孩子的成长。如果作为老板的你能够帮助员工认识到，给孩子提供优质的教育也是对孩子深沉的爱，所以要积极看待工作，为孩子储备足够的教育经费，那销售员或许就会受到激励，努力做业绩，争取拿高额的奖金，从而保证孩子得到最优的教育。

对一名高考考生而言，他可能最近学习压力太大，不喜欢被各种复习材料捆绑，也没有上好大学的愿望，但如果有一天你告诉他："考上好大学，进世界500强公司，意味着你有更多的机会过上更好的生活。"这看似寻常的一句话，可能会因为恰好触及少年内心的渴望，成为他奋进的动力。

邓亚萍之所以能成为世界冠军，正是因为她有着不服输、不认输的精神，以及对自己的严格要求。这种内在的信念系统，支撑着她从5岁起便投身于高强度的职业体育训练。如果她没有这种强烈的欲望和价值观，那么身体上的疲惫与伤痛足以让她放弃。

价值心理学是一门以价值观为内核，以人的动机、行为等为研究对象，旨在让人变得更好的心理学科。价值心理学和动机需求有着异曲同工之妙，价值心理学更多是从人的精神层次来阐述人的行为方式，而动机需求则是从人的本能方面来阐述人的行为方式。有了强大的信念系统，人们才会拥有不竭的动力，才会为自己的梦想去拼搏。

价值心理学是我在继承和发展动机需求理论的基础上倡导的，本书着重阐述的是动机需求理论，价值心理学在我后续的作品中会有专门阐述。

目
录

导读

人为何会做不喜欢的工作

有种很有意思的现象：当一个人对某件事怀有强烈的愿望时，他便有了取得结果、达成目标的核心动力。

1.诸多理论无法解释的现象 / 002

2.近代心理学的发展脉络 / 004

3.动机需求在现实中的体现 / 006

第一章

动机需求之求知欲望

看到"求知",我们自然会联想到书籍、知识或文字等,但在动机需求中,我们将其定义为对知识的深度探索。

1.红色求知欲望的"思想家" / 010

2.蓝色求知欲望的"实践家" / 013

3.以开放心态理解红与蓝 / 014

第二章

动机需求之认可欲望

认可欲望,实际上是对自我行为被接受和肯定的期待,它表达了个体对自我,以及他人给予其接纳和肯定的需求。

1.你喜欢哪种方式 / 020

2.完美主义和讨好型人格 / 022

3.如何在挑战中找到平衡 / 025

第三章

动机需求之权力欲望

权力欲望指对影响和领导他人的诉求，是一种支配权、影响力、话语权，是以自己的想法在他人身上施加影响。

1.红色权力欲望者的典型 / 030

2.好相处的蓝色权力欲望者 / 036

3.你的孩子真的"不听话"吗 / 037

4.红、蓝有好坏之分吗 / 039

第四章

动机需求之地位欲望

有种说法叫"啄食顺序"，现在我们用"啄食顺序"来表述人类地位欲望的深层内涵——层级结构和竞争行为。

1.鸟类的啄食顺序 / 042

2.实用主义的蓝色地位欲望者 / 046

3.红蓝两方孰优孰劣 / 047

第五章
动机需求之保留欲望

保留，重点就在"留"字上，有，就得留下来，这体现了对财产和物品等持续保有的意愿，会带给人幸福感。

1.小松鼠能有什么心思 / 054

2.金钱观大不同 / 058

3.两种保留欲望各有优势 / 061

第六章
动机需求之自由欲望

红色自由欲望者追求独立自主，他们不想被人干涉太多；蓝色自由欲望者追求团队协作，有商有量是理想状态。

1.自由的热气球 / 066

2.身兼数职还是分工合作 / 071

第七章
动机需求之社交欲望

动机需求中的社交欲望,在动物界中它具体表现为同伴关系,而在人类社会中则专指希望与人相处的欲望。

1.会有人不喜欢人吗 / 076

2.社交领域中的多元化需求 / 081

3.在群体里狂舞还是在独处中感受 / 084

第八章
动机需求之荣誉欲望

当一个人拥有红色荣誉欲望时,言出必行是他的性格标签,而蓝色荣誉欲望者则往往不受传统规则的严格约束。

1.“跳单”背后的思维逻辑 / 090

2.灵活的人和坚守的人 / 093

3.在千变万化的世界里看见成长机会 / 095

第九章
动机需求之公正欲望

为灾区捐款时，人们也会做出不同的反应，有人
积极有人犹豫，这就是对公平正义，以及社会参与的
追求。

1.捐还是不捐 / 100

2.佛家精神与社会参与 / 102

3.无私奉献与审慎抉择 / 106

第十章
动机需求之有序欲望

秩序感不仅包括对事物的排列和管理，同时还包
括个体思维逻辑的内在秩序感，比如沟通或做事的条
理性等。

1.爱干净的猫咪和随心所欲者 / 114

2.你在乎百分之百的准确吗 / 116

3.改变意识还是改变习惯 / 120

第十一章
动机需求之安宁欲望

对一件事、一个人追求的是稳定性与安全，还是
尽兴与刺激？这体现出来的就是对安全处境的期待与
追求。

1.你要稳稳的幸福还是速度与激情 / 124

2.焦虑症漫记 / 129

3.你怎样定义安全感 / 131

第十二章
动机需求之还击欲望

红色还击欲望者会为了争取对自己更为有利的局
面而采取必要的行动，蓝色还击欲望者则通常不会太
过计较。

1.睚眦必报还是和平主义 / 134

2.评估代价和有限包容 / 138

3.在各种关系中调整自我 / 143

第十三章
动机需求之运动欲望

运动欲望是对体育运动的欲望，它是一种对肢体活动状态的内在需求。运动就是他们兴奋和动力的源泉。

1.精疲力竭也快乐 / 148

2.用眼泪和汗水净化身心 / 151

3.运动之于教育 / 156

第十四章
动机需求之食欲欲望

你是否有过"没有一顿饭解决不了的问题，一顿不行就两顿"的生活体验？这说的便是人们的食欲欲望。

1.一顿饭就能解决的问题 / 160

2.你是真的饿了吗 / 162

3.不同食欲欲望者的不同应对策略 / 167

第十五章
动机需求之亲情欲望

亲情欲望，是指与家庭成员相处的欲望，它关系到一个人在家庭事务中，自身精力和时间有多少花在与其他成员相处上。

1.生命延续和情感传承的纽带 / 170

2.把时间和空间留给自己还是家人 / 173

3.你想从工作中得到什么 / 177

第十六章
动机需求之审美欲望

"审美"在现实生活中往往被视为一种视觉化表达，比如通过音乐视频（MV）形式展现一首情感丰富的歌曲。

1.饮食男女，人之大欲存焉 / 180

2.亲密关系中的审美欲望 / 183

3.顺应优势，过快乐的一生 / 187

写在最后面的话：
带着希望前行 / 189

愿你不带走任何结论，只带着这种流动的感知——
这就像河流从不执着于任何一滴水，却永远拥有整片海
洋。捋清混沌的生活，带着希望向前！

1.竹子带给我的欣喜 / 190

2.世界并非二元化的 / 191

3.愿你我充满希望前行 / 193

　　有种很有意思的现象：当一个人对某件事怀有强烈的愿望时，他便有了取得结果、达成目标的核心动力。

1.诸多理论无法解释的现象

有种很有意思的现象：当一个人对某件事怀有强烈的愿望时，他便有了取得结果、达成目标的核心动力。就像在地震中用身躯护住自己刚出生不久的孩子的伟大母亲，她并非骨骼强韧到足以在废墟中支撑，而是她有即使牺牲自己也要保全孩子的强烈愿望。

人类行为的驱动力来自于追求快乐和逃避痛苦。弗洛伊德早就提出，人类的精神动力来源于那些未被满足的欲望和未被平息的冲动。这一原则被称为愉悦原则（pleasure principle），即人的行为动机主要受追求快乐和避免痛苦的本能驱动。弗洛伊德认为，人类的本能，特别是与生俱来的本我，作为人格中最原始的部分，拥有着多种冲动。这些冲动没有任何逻辑，也不受任何道德和禁忌的约束；不管是否客观和现实，这些冲动只是一味地、盲目地想要被满足。弗洛伊德认为，这些对愉悦的追求、对痛苦的回避在很多时候是一种有意识的现象，同时会在一个无意识的过程中去实施。社会心理学家布拉德伯恩（Norman Bradburn）曾提出，人类的这种积极情绪（积极感受）减去消极情绪（消极感受）得出的差，就是人类生命价值的呈现。依据布拉德伯恩的这种观点，当个体的积极感受大于消极感受时，个体的生活状态就是快乐的，反之则是痛苦的。由此我们不难发现，人对快乐有着多么极致的渴求。为何在观看电视剧或电影时，你即便明明知道是不可能的事，也仍然期待一个圆满的结局？因为这种温暖的氛围能够带给你更多的快乐。

我们于是又产生了这样的思考：如果人类的行为真的都指向对快乐的追求，那该如何解释一些看似与快乐无关的行为呢？比如，为什么有些人会选择长期从事一份自己并不喜欢的工作，甚至长达几十年？或者，为什么一位母亲会为了保护孩子而牺牲自己？以追求快乐、回避痛苦的愉悦原则来解释，似乎很难找到答案，这些行为在愉悦原则的框架下是矛盾的。这让我们意识到，人追求的远不只是即时的愉悦或生物本能的满足，很多时候，人的行为可能受到更深层次的动机、责任感或对长远目标之追求的影响，这超出了愉悦原则或性所能解释的范畴。在弗洛伊德的理论架构里，性的本能也是人类行为的核心动力之一，从摇篮到坟墓，人类需要的只有性。他主张人类的许多行为都是由潜在的性欲望驱动的。然而，即使从性驱力的角度出发，我们依然很难解释为什么有人愿意长期从事自己不喜欢的工作。弗洛伊德的好友卡尔·荣格也为我们提供了一个重要的理论学说。他认为求生欲是生命延续的最核心动力。带着求生欲这一认知，我们尝试去解释，为什么一名护士会在她不喜欢的环境（如充满病人的哀号和呻吟声）中坚持下去。

根据求生欲的理论，我们可以假设，这名护士之所以坚持这份工作，是因为通过这份工作，她能够获得报酬，从而保障自己的生存。然而，如果仅仅是为了生存，护士完全可以选择一份她不那么讨厌的工作，为何她还要在护士岗位上坚持呢？我们应该都听过，有种爱情叫柏拉图式爱情，有个国度叫理想国。柏拉图式爱情和理想国都是由伟大的思想家和哲学家柏拉图提出的。理想国主张人生而平等，每个人都有存在的价值和独特的意义，人人拥有相同的权利。但从理想国的角度来解释人为什么会做自己不喜欢的工作，依然不能得到答案。

那人究竟为什么会去做自己不喜欢做的事情呢？直到马斯洛需求层次理论的出现，这个问题才有了些解释的可能。根据马斯洛需求层次理论，每个人都有7种不同层级的需求，但每种需求的迫切程度是不同的，满足最迫切的需求是能够激发人类行为的原动力。

尽管在工作中不喜欢听到病人的哀叫，甚至觉得这些声音让她在精神上受到极大的煎熬，但如果这名护士是一个乐于助人、希望让自己的生命更加有意义的人，她可能就会从中找到坚持的理由。她可能并不享受眼前的工作，可当她意识到，病人因她的付出能够减轻痛苦、回归正常生活时，她就能感受到自己的工作具有深远意义。从另一个角度来说，这是由她自身的价值观所决定的。

2.近代心理学的发展脉络

早在1890年问世的一部学术著作中，本能欲望就已经被清晰地记录下来。这本书就是美国著名心理学家、被人尊称为动机心理学之父的威廉·詹姆斯（William James）所著的《心理学原理》。这本书被公认为心理学领域的史诗级著作，至今仍然是许多大学心理学课程标准教材。在过去近140年间，动机心理学的理论架构得到了极大的丰富和多样化的发展。相比早期卡尔·荣格的求生欲和弗洛伊德的性驱力理论，动机心理学已经发展出了更广泛的理论体系。

威廉·麦独孤（William McDougall）是詹姆斯的好朋友，也是一位英裔心理学家。有趣的是，麦独孤最早并非以心理学者的身份进入这一领域的。早年间，他深受詹姆斯理论的影响，从而转向心理学研究。后来，詹姆斯邀请麦独孤担任哈佛大学的教授,为他的学术生涯提供了新的方向。在威廉·詹姆斯和麦独孤的共同影响与推动下,人类基本欲望需求的理论体系得到了完善和更加全面的发展。不同于一些早期学者的看法——人类行为仅仅由某一项或两项欲望驱动,詹姆斯和麦独孤提出,人类的需求是多元且复杂的,无法通过单一的欲望来解释人的行为驱动力。他们主张全面地理解人的内在需求结构,这为后来的动机心理学奠定了基础。詹姆斯和麦独孤是历史上最早推进人类基本欲望理论体系的雏形、结构和发展的著名心理学家,对后世影响深远。

詹姆斯去世后,麦独孤独自承受着来自精神分析和行为主义两大心理学流派的挑战。二者皆认为人类行为应由某种"超级欲望"驱动,而麦独孤提出的多元化欲望列表过于复杂,让人难以理解或记住,因此并未得到广泛接受,许多人依旧倾向于用简单的理论解释人类的欲望。这一局面直到亨利·默里的出现才得以改变。亨利·默里也是哈佛大学的教授,他通过对显性需求心理学的研究,为人类基本欲望理论重新注入了学术生命力。默里的工作不仅重振了多元需求理论,还使其在学术界得以进一步发展和传承。

接着,时间推进到马斯洛创建了人本心理学,他将精神分析与行为主义融为一体,其最著名的理论莫过于马斯洛需求层次理论。至今,在各类畅销书籍和网络中,马斯洛的动机与人格理论仍受到广泛研究和推广。在马斯洛之后,史蒂芬·莱偲博士提出了新的见解,并在动机研究领域发表了重要文章。莱偲博士是美国俄亥俄州的一位心理学家,他的思想深受马斯洛的需求层次理论以及多位心理学前辈的影响。在20世纪,他提出了一套关于人类行为的新理论,主张人类所有行为都受到16种基本欲望的共同作用。

困扰心理学家和哲学家们几个世纪的问题——人类行为的原动力究竟是什么,在莱偲博士所构建的这一套完整、科学的理论体系及评估方法下得以充分诠释。16种基本欲望理论使我们能够通过有效评估,进一步理解自我的生命意义和价值观。了解这些欲望对我们寻求更富足、更满意的人生至关重要。尽管莱偲博士不幸于2016年离世，但他的学术研究依然启迪着我，让我有幸倡导并深入实践价值心理学这一课题。

3.动机需求在现实中的体现

价值心理学与莱偲博士的理论有着很深的联系，是对莱偲博士的学术研究的继承与发展，但也有一些区别。首先，我们一起来深入了解16种基本欲望的框架和内涵。正如世人所言，弗洛伊德将心理学中病态的那一半呈现给我们，动机心理学则将健全的另一半补充完整。心理学发展至今，在探索个性行为准则及生命密码的过程中，我们经常借助16种基本欲望的需求层次这一理论来定义和解释个体行为及其背后的症结。

这里有一个关键，即16种基本欲望理论的诞生不仅源自人类社会，还源自对动物世界的观察与借鉴。这意味着这16种基本欲望不仅在人类社会中存在，其内涵同样可以在与人类谱系相邻的动物种群中找到对应。例如，当我们在户外遛弯时，被我们牵着的小狗会用鼻子四处嗅闻或用爪子刨地，这就是动物对周边环境的探索欲的体现。在16种基本欲望中，这被称之为求知欲望，即对知识的深入探索和理解的渴望。再比如松鼠进食，你可能会发现，松鼠在吃饱后，会将多余的粮食储存起来。它们会将食物存放在腮囊中，装满腮囊后，就会将食物运送到自己的巢穴中。这种行为反映了保留欲望，即保存食物、囤积资源的需求。

你还可以在猫身上看到16种基本欲望理论的影子。猫咪通常会保持非常干净的状态，它们喜欢通过舔舐来清洁自己的毛发。此外，猫咪对排泄物的处理非常讲究，家养的猫会使用猫砂来掩盖粪便，当没有足够的猫砂时，它们还会发出向主人求助的声音。猫咪希望保持清洁，不愿将排泄物暴露在外，这是一种对清洁和秩序的需求，属于有序的欲望范畴。大部分成年猫习惯于独来独往，这种独处行为与动物界中的社交需求形成鲜明对比。非洲象和海豚常常成群结队，展现出强烈的社交需求，但猫和松鼠大多独居，因而并非所有动物都是群居动物。

有趣的是，一些动物的行为会让我们思考个体之间的亲情需求。我曾养过一只脾气暴躁的豹猫，它强壮、速度快，且看起来十分骄傲和独立。我曾担心它会欺负朋友寄养在我这里的小猫，但令人意外的是，这只"暴力猫"对小猫表现出了极大的关爱，无微不至地照顾小猫。这种行为让我联想到其他动物：当羊妈妈和小羊被小溪或道路隔开时，彼此会不停呼唤，展示出一种强烈的亲子情结；小鸟在窝里叽叽喳喳地叫，显示了动物的一种内在需求——吸引他人关注的欲望。

再举个例子，我们在野外看到的老虎或狮子常以凶悍的形象出现，让人印象深刻。我们常说"老虎大王"，"大王"意味着它们拥有自己的领地。如果有入侵者，它们的本能反应就是将入侵者驱逐。这种行为反映了自由的需求，即独立自主和保护自身领地的强烈渴望。秋天时，成群的大雁有时排成人字形，有时排成一字形，而负责确定路线、带领它们的是头雁。这种行为对应16种基本欲望中的权力需求，它反映了影响和领导他人的愿望。

再比如我们都熟悉的黄鼬（也叫黄鼠狼），它是一种极其机警的动物，无论在北方的山区还是平原，你都会发现它。黄鼬能够迅速、敏锐地察觉到环境中的各种异样，并且规避风险。这种行为对应的是16种基本欲望中的安宁需求，即个体对安全和稳定环境的渴望。还有一个非常重要的现象值得探讨。鸟类的鸣叫不是一成不变的，比如布谷鸟，它的叫声和鸣叫频率在不同时期有着显著差异。这种差异取决于什么呢？实际上，这是由它们体内的激素水平决定的。在求偶季，为了吸引异性，满足繁衍后代的需求，鸟类的鸣叫频率和方式会呈现出完全不同的状态。

动物世界是多么丰富多彩啊！在16种基本欲望中，有一些我们在动物身上较为容易观察到，另一些则不那么明显。在梳理动机需求理论时，我曾提到过柏拉图的《理想国》这一概念。这种对理想国度的追求，可以被视为对公正和正义的期待——对应16种基本欲望中对公平和正义的需求。然而在动物界，我们几乎见不到这样的行为模式。

在人类社会中，我们常常会从各种行为表现中发现类似的情感和需求。很多时候，人们会期待他人的掌声和认可，比如网络上常见的"求赞、求好评"现象。这种行为反映了人们渴望被他人认同的心理需求。在16种基本欲望中，这被定义为认可需求，指的是人们内心深处对被接纳和被肯定的渴望。这种需求推动着我们在社会生活中不断寻求他人的赞赏和积极反馈，使之成为人际交往中重要的一环。

动机需求，或称动机心理学，抑或16种基本欲望需求理论体系（求知、认可、权力、地位、保留、自由、社交、荣誉、公正、有序、安宁、还击、运动、食欲、亲情、审美这16种欲望），实际上是一个非常客观且实用的工具。它的实用性在于能帮助我们解决现实中的问题，尤其当我们面对某些困境，却不清楚问题的根源在哪里时。正因如此，我个人非常喜欢将动机需求的欲望图谱视为一份诊断报告，它可以帮助我们定义当前面临的挑战与问题，并指出究竟是哪方面出了问题。

人的认知往往是有限的，当我们不了解关于基本欲望的知识体系时，就很难准确定位问题的症结所在。这就像我们去医院治疗时，医生通常会先安排化验或拍片子，生成的检查报告可以帮助医生更精准地诊断问题，并为我们提供正确的治疗方案。同样，动机需求理论是帮助我们高效生活的工具，它能引导我们更快地解决问题，更好地理解生命的意义，并试图回答"我是谁，我从哪里来，我将去向何方"这些深层次的灵魂拷问。

看到"求知"，我们自然会联想到书籍、知识或文字等，但在动机需求中，我们将其定义为对知识的深度探索。

1.红色求知欲望的"思想家"

看到"求知"这两个字时，我们自然会联想到书籍、知识或文字。但在动机需求中，我们将其定义为对知识的深度探索，它有两方面内涵。第一，求知是对知识的渴望。那么什么是知识呢？知识是一种理论架构，以及更深邃的背景、逻辑。第二，求知是对知识的探索。那探索又是什么呢？探索是深入，探索是挖掘，探索是对事物本质的渴望。

在生活中，我们会遇到不同的人。有种人在遇到不懂的问题时会频频向你发问。当吃到新的菜式或菜品时，他会非常好奇这道菜是用什么做的、怎么做的。看新闻时，对于一些新出现的概念或说法，他会非常乐意用手机仔细查一查。还有一种人，当你兴致勃勃地跟他讲一件好玩的新鲜事时，他会瞪大眼睛，莫名其妙地看着你，当你问及他的感受时，他可能会说："我不太明白你讲的是什么，我也不清楚我为什么要知道这件事，它和我有什么关系？"

我将第一种人称为"对知识拥有浓厚兴趣的个体"。当一个人拥有无限的好奇心时，你会发现这个人表现出了特别的"内涵"，具体表现为他们所关注的并不局限于某一个领域、方向，他们所知晓的东西广泛到似乎没有任何界限。我们常常调侃，称其为"好奇宝宝的化身""十万个为什么的代表"，无论出现什么新东西、新观点、新现象等，他们都会花时间和精力一探究竟。

拥有强烈求知欲望的人，常被我们称为"思想家"，他们的大脑拥有极强的信息储备能力，他们认为思想和知识就是生活的美妙真谛。如果说他们的知识领域和学习媒介有盲区，那他们就会觉得这样的生活没有意义或毫无价值。

对拥有强烈求知欲望的人，我们一般用红色来代表。他们有一种非常执着的想法，那就是寻求智力层面的深度对话。相比一般人的"知道就好"，红色求知欲望的人期待深入沟通，以达成某种更为深邃的共识，类似于无限接近"真相"。

在这里，我就不得不提到一个概念——元理论。元理论是某一学科的基础理论，是对这一学科的指导思想和基本原则的高度概括。

具有红色求知欲望的人，基本就是元理论的化身，他们对所有新现象、可以被概括和总结为事物本质的东西尤为敏感。在他们的头脑中，对表象的追寻是不能满足其好奇心的，他们对一些深层次的，能够触碰到一些话题或理论的内核的东西，表现得更为期待。

如果你听说某个人发明了一款微型削铅笔器，你会怎么看待这个人？你也许会说："哇，好厉害啊！能发明创造就是了不起！"可假如这个人只是一个普通人，你会因为他的这项发明而记住他吗？答案或许是否定的。而且，你可能会认为，再厉害的削铅笔器也不过是个小文具，没什么大不了！

如果我告诉你，这个发明者是诺贝尔物理学奖获得者，你的看法会不会发生变化？你会不会感到奇怪？削铅笔是件小事，至于如此兴师动众吗？它对学术界好像也不会有什么深远的影响。这项发明，充其量就是一种实用的小工具，与"影响人类"的诺贝尔奖相比，似乎不值一提。

可你知道吗？这个实用小工具的发明者是德国著名的物理学家汉什，他真的是2005年诺贝尔物理学奖的获得者。他在获得诺贝尔物理学奖后兴之所至，发明了微型削铅笔器。

记者曾疑惑地向他提问："发明微型削铅笔器，是作为诺贝尔物理学奖获得者这个段位的大科学家应该做的事吗？"汉什笑道："你要知道，对一个科学家来说，满足自己的好奇心是件多么重要的事！"

这件小事让我想要在此探讨"知晓"和"有用"之间的关系。有时，我们并不知道一件事对一个人而言意味着什么，这个人可能仅仅是受到好奇心的驱使，即便没有结果，也不能压抑自己对感兴趣之事一探究竟的心。汉什对探索拥有着炙热的渴望，他的探索更多的是基于自我感受和对一些未知领域的好奇，"知晓"远比"有用"重要。

欧洲有个叫阿特的青年人，小时候他非常努力好学，对很多东西都好奇。他觉得跟随各种各样的人学习新东西是件让人兴奋的事。他年轻时移民到了美国，与一个女孩坠入爱河并结了婚，婚后他们经营着一家小农场，很快他们的女儿出生了。

等到清偿了债务，阿特已经63岁了，看着农场肥美的土地，他忽然发现自己现在好轻松，再也不用每天那么辛苦地工作。这时女儿向他发出了邀请："爸爸，你来跟我们一起住吧，彼此好有个照顾。"阿特回应道："我觉得你们应该有独立的生活。或者你们来我这里，帮我管理和经营这家农场，你们每月付我400美元即可。我要到山上去住，在山上可以看到你们，并且我也能过上我想要的生活。"

于是，阿特搬到了离农场不远的山上居住。他非常享受这种生活，白天去图书馆借阅图书，傍晚在林中散步。

有天，他合上从图书馆借来的书，陷入沉思。这本书讲的是耶鲁大学的一个学生在读大学时，通过体育和学习，收获了美好的人生。阿特心想自己是不是也可以去上学，收获一段另类的人生。在接下来的日子里，他去图书馆借来更多的书，为入学考试作准备。结果，他真的取得了还不错的成绩，也真的去耶鲁大学参加了面试。这一年，他已64岁。

步入大学生活后，阿特发现自己和其他同学格格不入。这种格格不入不单单是因为他是位白发苍苍的老人，还因为他发现了自己与同学最大的不同——他的学习没有目的。他非常享受在知识中徜徉的感觉，知道了原本不了解的东西也让他倍感幸福。阿特上大学并不是为了给自己带来更好的职业发展和收入，他要的是学习知识给自己带来的满足感，而这也正体现了求知欲望的真正内涵。

2.蓝色求知欲望的"实践家"

同"思想家"相对的群体，我们称之为"实践家"。实践家所具备的特征是更加注重实践导向，更加关注执行和效率。对富有实践家精神的人，我们一般用蓝色来代表。这类人更加关注实践中行动的作用，而非理论上的、形而上的理想主义。

在保险公司的晨会上，产品经理在台上作产品说明，滔滔不绝地讲述新产品定价的策略、针对的人群、销售的方法，以及背后的算法和逻辑。业务员在台下听得不耐烦，时而左顾右盼，时而刷手机。如果会后问他："你觉得这款新产品怎么样？"他可能会告诉你："产品挺好，我早就知道该怎么卖了，我已经在给客户推荐这款产品了，相信很快就会有好消息。"

晨会时，产品经理讲产品定位和产品逻辑是必要的培训，但业务员所期待的是什么呢？他所期待知道的仅仅是什么产品，针对什么人群，价格是多少，提成怎么样。他能用这些基本信息和客户沟通就行，达成交易才是王道，至于产品细节，并不是他所关注的。我们把这个人群称为实践导向群体。他们关注实用性，即实用价值，而非大道理。对拥有蓝色求知欲望的人来说，知识真的不重要吗？其实他们并不排斥知识，而是更关注实践和效率。

拥有红色求知欲望的人，内心充满好奇，想要寻求一切真相。做事时，这些人更加关注事物的本质，而非表象。他们擅长思考，擅长将自己学到的思想和知识做深度连接和整合。

拥有蓝色求知欲望的人，所有行为都以实践为导向，他们倾向于关注自己所做的事情在现实中呈现的状态，一切关乎眼前处境和当下问题的内容，都为他们所欢迎。

如果你跟他们讲的一件事情是他们在生活中没有遇到过的，或他们没有良好经验、感受的，他们可能就会对这件事毫无兴致。他们更加关注眼前的问题，以及要怎么解决问题，基于此，他们才会去探究事情背后的逻辑，进行流程优化与改造。完成一项工作或任务后，拥有蓝色求知欲望的人或许会做一个总结，包括用了什么方法，以什么为指导精神，具体怎么完成任务的……也就是说，他们的行为具有清晰的指向性。

3.以开放心态理解红与蓝

我一直强调动机需求没有好坏之分，它只是说明了在生活中我们对一些东西的想要的程度不同而已。一个拥有红色求知欲望的人可能特别博学，很擅长去搭建一些理论架构，甚至能成为某个领域或课题的引领者，这是特别好的事情。可能有人会问，那这些人身上有什么缺点吗？

确实，每种需求都有积极的一面，也有消极的一面。我们将消极的一面称为挑战，在某种状态下，挑战也是成长的机会。我经常把拥有红色求知欲望的人形容为具备土拨鼠个性的人。土拨鼠非常擅长挖洞，并且会挖很多洞。

在挖洞的过程中，它们肯定是快乐的。

在挖第一个洞之前，它们也许只是想用洞来储存粮食，但在挖洞过程中，"把这个洞无限延长"的想法随之而来。如果你问土拨鼠一生会挖多长的洞，我想没人能够给你答案，为什么呢？因为它喜欢挖洞，只要喜欢，它就会一直挖下去。

再比如，有人从来没听说过动机需求，他就可能会去网上查资料，做一些研究工作。他会查什么是动机需求，然后查到马斯洛。查到马斯洛时，又会发现在马斯洛之前还有一位心理学家叫威廉·詹姆斯，然后把詹姆斯的著作《心理学原理》买回家来读一读。读的时候，他又会有很多新的发现……

发现自己想要搞明白某些东西时，拥有红色求知欲望的人就会投入很多精力和时间去研究。在这个过程中，他们会像土拨鼠一样，挖着挖着发现自己好像很喜欢这件事，那就继续挖下去。所以，拥有无限好奇心的人在对知识的探索过程中会遇到一个非常大的挑战，这个挑战就是时间。想知道得更多，他可能就会无止境地去挖掘、去探索、去钻研。

一个具有红色求知欲望的人有很多优点，并且拥有更多的成长机会。只是在做一件事的过程中，他可能会遗忘自己的初衷或目标。比如，他一开始只想作一个报名与否的决策，后来可能对这件事太过投入，而忘了自己做这件事的初衷。

具有蓝色求知欲望的人，他们身上的优点是什么呢？他们是一群实践家，关注效率与执行。他们拥有一流的执行力，具有很大的成长空间，但他们把自己的精力和注意力都放在了现实中，可能就缺失了对一些未知东西的判断，或者说忽视了对一些没呈现在眼前的东西的深层逻辑思考。就像有些销售员，因太迫切地想要达成交易，而欠缺对销售方式和策略的思考。具有蓝色求知欲望的人，因为要用到某方面的知识，才会去关注这些东西，他们会探寻做成这件事的方法，而非这件事的内在机理。

他们常常认为"我得做点什么""今天做了就会比不做强"，可真的是这样吗？这就像俗语讲的，光顾着低头拉车，却忘了抬头看路。没有思考清楚方向就行动，可能会出现做还不如不做、做多少错多少的情况。

在教育方面，家长和老师经常会觉得，如果我的小孩、我的学生是拥有红色求知欲望的人，那简直就太爽了！但大家可以思考一下，所有成绩好的孩子，都是爱学习的孩子吗？

答案是不一定，因为学习成绩涉及很多因素，比如某个孩子特别聪明，或者具有特别想赢的个性，那他很可能就会在学习的竞争中胜出。还有一类孩子，当你问他觉得什么是"正事"时，他的回答是"学习，学习就是正事"！

我们再回到"学习"这个概念。在我们的传统认知中，"学习"是怎样的存在呢？具体来说就是做练习、做试卷、做作业。也就是说，大部分家长和老师认为，孩子完成作业，成绩自然不会差。

如果你的孩子无条件地接受或喜欢老师、家长给他布置作业，且做了大量的练习、大量的模拟试卷，那这种孩子也许就是被人夸赞的"别人家的孩子"。但我可能要非常遗憾地提醒你，你这孩子未必是具有红色求知欲望的孩子，因为对一个拥有红色求知欲望的孩子来说，他需要的是知识的无限深度、广度，以及探索与发现的过程，他享受的绝对不是不断做练习题这件事。

如果你的孩子真是无条件接纳做作业和做试卷这些事，那他可能是一个拥有蓝色求知欲望的人，因为这样的人不介意或可以接受频繁地"做"，而不用思考那么多。

家长的大目标是孩子成绩优异，但成绩怎么样与作为家长的你想把孩子培养成什么样是相差甚远且不在一个层面的问题。现实中有一类小孩会让老师觉得不乖，因为他们不写作业，不做试卷，然后家长会被老师不断施压而不胜其烦，怎么说孩子都不听，说多了孩子还会顶嘴："我都会了，为什么还要做？"如果你也有类似的烦恼，那么恭喜你，你很可能"喜提"了一个拥有红色求知欲望的宝宝。为什么这么说呢？因为他对老师频繁安排的、对知识的重复性训练并不满意，他想要一些新东西，他看重的是知识的深度。

因此，如果孩子的成绩很好，即便常被老师批评，你也要珍惜你的孩子，给他请特别优秀的老师，带他去畅游知识的海洋，去深入地研究知识，而非强迫他停留在做完作业和练习册的程度。

很多人关心，如何将孩子培养成一个擅长提问的孩子，那就让我们暂且回到最初吧。当孩子还是小婴儿时，我们会用无限的热情和耐心去给予他们关照。当孩子学会说话、学会走路时，他们对这个世界充满了好奇，可能每天都会用一百个"为什么"来回应我们。到了这个时候，家长要做到对孩子事事有耐心就不太容易了，因为我们还要面对工作和生活中的琐事。对此，我想给大家的建议是什么呢？

以开放性问题引导孩子进行深度思考。我们可以和孩子共同建立一个思维模型，也就是说，当你接到一个开放性问题时，你可以选择反过来提问他，待他查询一番之后，你们再共同探讨和研究，从而让他得到一个更高级别的知识。

　　这个方法可以应用于对孩子的教育，也可用于与有蓝色求知欲望的成年人沟通。有蓝色求知欲望的成年人更关注问题的表象，会看到问题，但对于问题的症结和背后的逻辑不善思考，所以我们可以用这种共创式问题来与有蓝色求知欲望的人对话，从而共同开创一个全新的认知维度。

认可欲望，实际上是对自我行为被接受和肯定的期待，它表达了个体对自我，以及他人给予其接纳和肯定的需求。

1.你喜欢哪种方式

动机需求中的认可欲望，实际上是对自我行为被接受和被肯定的期待，它表达了个体对自我，以及他人给予其接纳与肯定的需求。

试想这样的场景：你每天为孩子做早餐，有天孩子突然对你说："妈妈，你为我做饭很辛苦！不过假如妈妈你喜欢吃一样东西，每天都吃，一天都不间断，你会怎么样？"

或换个场景：老公为老婆下厨，老婆尝后说："今天的番茄炒蛋味道太好了，同时葱白点缀得恰到好处。老公，你又把我养胖了！医生说我要控糖，以后咱们一起试试无糖版番茄炒蛋，好不好？"

对这两个场景的沟通，你感受如何？我想大部分人会心情愉悦地说"这个孩子/老婆真会说话"。那除此以外呢？你真的懂得他们在讲什么吗？假如你是为老婆下厨的老公，菜一上桌，老婆就皱着眉头说："哎哟喂，你把卖糖的打死了吗？怎么这么甜呀！"听到这话，你感受如何？

这是沟通技巧的差异造成的。指挥人类语言中枢的是大脑。每个人性格不同，追求不同，看问题的重点也会不同，所以对问题的表达也千差万别。

在生活中，我们说一个人"说话很好听"，这个"好听"有两层意思：一方面，说话的声音悦耳动听，如语调活泼、有亲和力；另一方面，说的话本身让人愉悦、舒服，如善于"拣好听的说"，用积极的语言模式。前面提到的两个场景，无疑都在"说话好听"的范畴之内，那个小孩和那个老婆先给予他人肯定，再表达诉求，就不会让人有被冒犯的感觉。让听的人舒适、喜欢，事就好商量。

擅长使用积极的语言模式的人，对他人如何看待自己是非常在意的。如果老公是个敏感的人，听到"菜太甜"这样的反馈，可能就会情绪不佳。为了避免这种情况，老婆会留意自己的表达方式和逻辑，努力保持一种美好且尊重的姿态，只为让对方高兴，其他的不重要。

还有一种人则很直接，尊重事实，菜甜了就是甜了，并不隐藏情绪，但往往会因这种直来直去的方式，被人诟病为"情商太低"。是什么导致了如此大的反差？都是情商惹的祸？其实并非如此。严格来说，这种直接的沟通风格与情商并无直接关系。那些能说出"把卖糖的打死了"这种话的人，并不认为自己的表达有问题，也不在乎别人怎么看。简单来说，他们对别人是什么感受并不在意，无论感受是积极的还是消极的。他们习惯于直接指出问题所在，而不关心其他。

同样是一盘炒得过甜的番茄炒蛋，一种人小心翼翼地斟酌言辞，以温和、委婉的方式表达诉求，在行为上也格外注意避免伤害他人，我们称之为拥有红色认可欲望的人。这种人在沟通中擅长赞美和说好听的话，给予他人积极的情绪价值，他们常常做出正面反馈，比如点头肯定、微笑示意，或投以欣赏的目光。他们在说话前会深思熟虑，不打无准备之仗，因为他们不接受失败。在他们看来，没作好准备就贸然行动，可能会出错，出错则意味着可能遭到他人的负面评价，这是他们极力想避免的。

拥有红色认可欲望的人，说话有时会显得绕弯、复杂，让听者丈二和尚摸不着头脑，不知问题的关键、实质究竟是什么。拥有蓝色认可欲望的人表达简洁明了，不拐弯抹角，专注于事情本身，"有事说事，就事论事"，不在乎自己说话的方式他人能否接受，也不在意别人的评价。尽管有人认为直接说出事实可能会很伤人，但对拥有蓝色认可欲望的人来说，表达的重点在于真实反馈、直击核心，而不是照顾情面。

2.完美主义和讨好型人格

有红色认可欲望的人希望得到他人的积极称赞、良好评价，在这种性格气质的驱使下，这类人往往表现出"换位思考，体恤他人，并能细腻地察觉他人的需求"的积极特质，我们称之为"敏锐的觉察力"。这类人在生活中非常细心，关注很多细节，包括环境的变化、他人表情的细微变化……这让他们能够非常敏锐地感知和理解他人的情感和需求。

有红色认可欲望的小孩，能敏锐地察觉到爸爸妈妈的情绪，当他们不高兴时，小孩就会变得小心翼翼；和同学出去玩，发现同学不高兴，他们会反思是不是自己哪句话说错了；长大后在工作中，如果上司脸色一沉，他们心里就会打鼓，担心自己是不是哪里出状况了……他们非常擅长捕捉细微的变化——妈妈不开心了，他们会尽力做让妈妈开心的事；朋友不高兴了，他们会努力用好的言语和态度来博对方一笑……这也是红色认可欲望者对自身要求高的原因，当外界变化与自己有关时，他们就会希望通过自己的努力让别人感到愉快，而不是因为自己的不足而让他人失望，他们渴望被认可、被喜欢，会竭尽全力让自己表现得完美。

这就谈及"完美主义"这个词了，它通常有两种表现。首先，完美主义常常体现在一个人的外在：一尘不染的鞋子、整齐的发型、考究的衣着，或条理分明、精准到位的处事风格，给人一种完美的视觉感。其次，完美主义体现在做事的态度上：尽善尽美，不允许出现任何瑕疵，重视准备工作，不容许犯错，只有在万事俱备的情况下才愿意行动。第二种表现在红色认可欲望群体中尤为常见——不犯错，追求最优和胜出，期待因自身的出色表现而受到肯定。

红色认可欲望者的特质就是害怕犯错，所以他们对自己有着极高的要求。简单来说，他们努力让自己被认可、被称赞、受人欢迎，他们是一群生活在别人眼中的人，会因为在意他人的眼光或负面评价而犹豫。

相反，蓝色认可欲望的群体不会因别人的评价而做太多改变，他们只将注意力集中在问题本身。如果把他们放在前面提到的番茄炒蛋的故事中，他们就可能过于关注问题本身，而忽略了他人在解决问题时所付出的努力，做不到情感抚慰。这种对他人情绪波动的觉察力，在维系关系时显得至关重要。我们常听到一句话："你说得没错，他做得也没错，那吵架又是谁的错？"对具有蓝色认可欲望的人来说，他们的世界是纯粹而封闭的：天变了我没感觉，人变了和我无关，环境变了也不是我的错，说的话、做的事统统只是事而已。这种钝感力使得他们更关注自己的问题，忽视他人的感受，他人因他们的所言、所为而受了伤害，他们却浑然不觉。

那如何化解对自我的聚焦与对问题的聚焦之间的冲突呢？

两种认可欲望对应的是两种内在的自我关系：一种相信自己，与外在无关；另一种关注他人，隐藏自己。这两种截然不同的内在逻辑，塑造了各自独特的沟通与处理问题的方式。蓝色认可欲望者的思维是一条直线，他们专注，往往向内寻求支持，这种特质让他们更倾向于独立思考和解决问题，而不是考虑外界的反馈。

在教育孩子时，父母常常用"人家的孩子"来激励自己的孩子。"妈妈一个眼神，她一杯水就端上来了；妈妈一示意，他就知道乖乖去做作业。你看看人家的孩子，多懂事，多乖巧！怎么你就做不到呢？"此刻的你会喜欢这个"人家的孩子"吗？这样的孩子，往往被视为"来报恩"的，因为他们从不惹麻烦。可对此我们不禁要问：这些乖巧的孩子有没有自己想要的东西？其实，这些孩子可能并未真正理解什么是乖巧懂事，很多时候，他们只是为了让父母开心，成为父母的骄傲，所以努力表现出"父母喜欢的样子"。这是一个值得深思的问题：胜任力代表技能，而想要则代表渴望。用逻辑思维来看，只有在受渴望驱动时，技能的掌握才会发生。

孩子或许不知道"乖巧懂事"的真正含义，但他们知道哪些行为能让父母开心。当父母开心时，他们会记住这些行为，并努力重复这些表现。从某种程度来说，乖巧懂事是孩子为了取悦父母而"扮演"出来的，就像条件反射一样。孩子在这些时刻纯粹且美好，他们只是希望父母开心，而这种行为背后是他们对他人肯定与接纳的深切渴望。

在这种逻辑下，孩子会表现得特别听话、服从，时刻关注父母的情绪反应：妈妈一个手势，我就明白；妈妈开心了就会拥抱我、夸奖我。当孩子得到这些肯定时，他们就会更加坚定："对，就该这样做！"于是，这种行为进入了一个循环：表现良好，被接纳肯定；继续表现良好，再次得到肯定……夸奖和表扬成为孩子成长的养分，也使他们的世界变得拥挤不堪。他们变得敏感、富有洞察力，觉得一切尽在掌握之中，甚至自豪于自己的完美，因为所有人都喜欢他们。

久而久之，孩子或许就会变成"讨好型人格"——习惯于取悦他人。为了让他人开心，他们会在生活中为自己开辟一条新路，创造新的机会。这条新路是什么呢？是他人给予的绿灯放行、某种优待等。因为他们表现良好，别人才会给予他们更多的肯定和支持。这些孩子会被贴上"好"的标签，从而获得更多的青睐和机会。

3.如何在挑战中找到平衡

在工作场景中，当你敏锐地觉察到同事情绪不佳时，你可能立刻会在脑海中快速回忆：我刚才做了什么？和他说了什么？是不是哪句话说得不对？我做了什么让他不开心？是不是我刚才的言行触碰了他的情绪敏感点？当一个人对外界有着敏锐的觉察力时，周围人的一切变化都会被他不自觉地指向自己。于是，他开始担心，是不是因为自己的原因让别人不高兴了？我们会通过自我反思来总结自己的行为和表现。我们期待自己的存在是积极的，为了达成这一目标，我们变得更加敏感。这种敏感有时对我们有益，但有时也会限制我们表达真实的自我和探索内心。

这种敏感会影响我们的决策模式，当需要做出某个决定时，我们可能会犹豫不决、左右为难，觉得还有很多不妥的地方，或者认为自己还没有准备好，可能会错过很多机会。我们可能会想"要不然问问别人该怎么办"，或"听听别人的意见，也许他们是对的"。

身处顺境或与他人意见一致时，我们会感到完美、圆满，并因此获得良好的感受。但如果情况相反，遇到逆境或不和的局面，挑战就会接踵而来，我们会充满挫败感。以上种种都属于典型的红色认可欲望特质。

而与此相反，蓝色认可欲望者对于外界的变化常显得有些迟钝，他们过于专注自己的问题和内在世界，对顺境或逆境反应平淡，因为他们只关注事情本身，不会被他人的情绪左右。

在感情中，如果两个人都具有敏感气质，那么简单的小问题也可能演变成大的冲突。比如糖放多了，吃菜的人会觉得对方没用心做，做菜的人则觉得对方在否定自己的努力，因此争吵不断。而如果双方都更关注问题本身，情况就会大不相同：一个直说"太甜了"，另一个回应"是糖罐口太大了，一下子撒出来太多，回头换一个"。虽然情感不够细腻，但问题得到了妥善处理，生活变得和谐，感情也更加深厚。

外界变化和他人情绪就像一面镜子，蓝色认可欲望者或许应当有意识地通过这面镜子去觉察自身的特质。遇到人际关系障碍，往往是因为他们太过聚焦于自我，而忽略了他人的感受，让他人觉得没有受到重视或尊重。

总体来说，拥有红色认可欲望的人具有完美主义倾向，追求极致，不愿在行动中犯错，并且对外界的情绪变化有着极其敏锐的觉察力，能够完全理解和掌控外界的反应。他们的成长机会在于看到自己的内在需求，并在犯错时接纳错误，从而为未来带来更多的可能性和更大的空间。相反，蓝色认可欲望的人更倾向于遵从内心的声音，这使得他们能够坚定地认同自我，拥有强大的内在能量。然而，正因为他们太专注于自我，缺乏对外界反馈的敏锐察觉，外界的变化及他人的情绪就成为他们的挑战，给他们带来沟通和人际关系的障碍。蓝色认可欲望者更容易接纳错误，并在错误中学习、成长，他们在不断地自我探索和经验中汲取力量，面对挑战时也能从中获得自我提升的机会。

因此，红色和蓝色认可欲望者各有优势和挑战，关键在于找到平衡，学会在不同情境中调整自己。

拥有蓝色认可欲望的人在面对错误时会表现出更积极的态度，他们不会过分在意他人对自己的拒绝或否定，也不会因犯下小错而产生情绪，甚至几乎没有情绪波动。因此，他们在工作中适应各种岗位，尤其是那些十分容易遭到他人拒绝的岗位，如销售或市场岗位。面对客户的拒绝、否定甚至打击，他们依然能够保持乐观积极的心态，专注于解决问题并达成目标。这类人能够在挫败和挑战中找到机会，因为对他们来说，错误是工作中再正常不过的事。

拥有蓝色认可欲望的人因为倾向于聚焦问题本身，所以在频繁被拒绝或在高度试错的岗位面试中，更有胜出的机会。若工作岗位本身需要员工发挥内心的觉察力，比如与人打交道或提升良好情绪感受的工作，拥有红色认可欲望的人就更有机会胜出。

精神分析流派在处理心理问题时，较多关注原生家庭，可见小时候的成长环境对个性养成是多么重要。我想在这里与大家讨论的话题是，在孩子的成长过程中，究竟何种认可和评价标准更能给孩子成长空间？

如果一个孩子降生，父母没有完全接纳孩子，那孩子将会带着对自我存在的质疑去展开他的人生。人们常说，父母能够给予孩子的最好的礼物，是毫无保留地接纳孩子。如果肯定是必需的，那父母如何肯定就是问题的关键。

第一种常见的做法，是当孩子考了100分时，父母会给予表扬："真棒！吃大餐，有重奖！"这种教育模式传递的信息是考100分才是好的，孩子需要不断追求高分数来博得父母的欢心。长此以往，孩子或许就只能接受自己考99分或100分，甚至95分的成绩都会让他感到不安，认为这不是"应该有的表现"。可能他一生的追求都会与分数紧紧绑定，认为只有得高分才是自己的价值所在。

得高分才值得被认可的宝宝长大进入更高层次的学术环境或顶尖学府后，在某个阶段面临学习上的挑战，或出现落后于他人的情况时，又该如何面对自我？这是个重大课题！如果学生因为成绩不理想而选择放弃某门课或畏缩不前，这显然不是家长所希望看到的，但又是极易发生的。

第二种做法，是家长不仅关注分数，更注重孩子在面对挑战时的表现。例如孩子这次考了65分，但父母说："你这周一直生病，有两天在发烧，能坚持去学校上课，还能考65分，真的很不容易，爸妈都得向你学习这种坚持。"这让孩子明白，不是只有得高分才值得骄傲，精神和品格也很重要，并且这些精神和品格会伴随自己一生。

这两种肯定方式会使孩子养成不同的个性发展模式：一种是建立在外在表现和成绩基础上的，另一种则是基于内在品格和精神的。当我们把称赞建立在分数或表现上时，孩子会终生追求高分；而如果我们赞扬他们的品格和努力，他们便会在未来的人生中更有韧性，不会被分数束缚。因此，在认可和赞赏孩子的过程中，作为父母或教育者，我们需要深思：怎样认可才能引导孩子朝着我们真正期望的方向成长？这不仅是对教育的思考，也是对个人成长的思考。

权力欲望指对影响和领导他人的诉求，是一种支配权、影响力、话语权，是以自己的想法在他人身上施加影响。

1.红色权力欲望者的典型

动机需求中的权力欲望是指对影响和领导他人的诉求，这是一种支配权、影响力、话语权，是以自己的想法在他人身上施加影响。

你是否听说过这号人物？他是一个在美国政界非常有影响力的人物，盘踞美国政坛将近半个世纪，25岁便成为美国第一任联邦调查局局长，建立了美国情报中心网络。他就是埃德加·胡佛（J. Edgar Hoover）。20世纪三四十年代，他以打击银行劫匪、黑帮以及有组织犯罪取得卓越成就，赢得了较高的个人声望。在"二战"和"冷战"中，针对间谍活动，他发起了大规模监视和镇压行动，通过收集其他人物的隐私信息，让自己有了掌控他人的"权力"

胡佛是一个非常传奇的人物，他在美国联邦调查局工作长达48年，其间经历过8任美国总统。48年对任何一个人来讲，都是一个让人压力巨大的时间长度。从22岁正常大学毕业即开始工作，以60岁为退休年龄，这中间也只有38年。这超长的48年坚守，又需要一种怎样的韧性和能量呢？

有人形容胡佛是美国政府甚至美国江山的左膀右臂，身负半壁河山。也有人问过其经历的历任总统是如何看待这位大人物的，比如有记者采访前总统约翰逊，问他有没有考虑过换掉胡佛。约翰逊回答："与其让胡佛来折腾我，还不如让他去折腾别人。"前总统尼克松也给出过非常令人震撼的回答："炒掉胡佛，就等于让美国政府沦陷。"可见胡佛在当时有怎样的影响力！

法国皇帝拿破仑为世人所熟知。拿破仑的军事天赋很高，指挥了一系列战争，征服了很多领土，建立了拿破仑帝国。后人评价拿破仑是个天才战略家，精通战术，善于在不利局势下扭转战局。同时，他的野心昭然若揭，从一个基层军官做起，最终凭实力成为法国皇帝。他不仅希望统治法国，更野心勃勃地想建立一个统治全欧洲的拿破仑帝国。他也是一位独裁者，对法国大革命自由、平等、博爱理念的支持，并不妨碍他进行集权统治，为了维护权力，他不惜发动战争，压制异见。

在拿破仑崛起早期，法国面临欧洲君主制国家的严重威胁。这些国家联合起来，试图遏制法国大革命的扩张，并恢复旧王朝。如果不抵抗，法国就可能会被外敌入侵，大革命的成果被推翻。而当政权稳固后，拿破仑的战争便由自卫转向扩张，最终使法国遭受了毁灭性打击。

令人唏嘘的过往，展现了拿破仑作为历史人物的复杂性。我想，作为君主，拥有自己的国土和臣民，拥有无比的荣耀，他应该什么都不缺吧！即便这样，他的欲望也仍没得到满足，他还是发动了掠夺性战争。拥有更多领土的欲望加上无休止的征战，最终让他惨遭滑铁卢。

胡佛和拿破仑是两个极有个性的人物，你是否发现他们有些许共性？他们都是非常有能量的人，手握大权，且不允许大权旁落；自己说了算，想干什么就干什么，不允许他人置喙……他们就是被称为拥有红色权力欲望的人。在现实生活中，有想拥有权力的人，就一定有与之相反的，即没有任何意愿去影响和干涉他人的人，我们认为这种人拥有追随者的气质，便称之为蓝色权力欲望者。

试想一下吧，你遇到了一个像拿破仑一样的同事，在你的职场经历中，什么样的人能从基层做起，一路突飞猛进到核心高管？那人一定有点本事吧，要么为老板解决了大事，要么为企业创造了巨大的价值，用接地气的话来形容，就是他肯定是一个非常强悍、非常能干的人，几乎没有他搞不定的事。和这样的人做搭档简直太爽了吧，出师大捷，屡战屡胜……这类人身上有这样一些关键词：有想法、有主见、能主导、能坚持。

拿破仑抵御过外敌，也发动过战争。"战争"这个词的繁体字是"戰爭"，内涵就是有兵戈、有对立。两种对立的东西是什么呢？可能是人，也可能是观点，也可能是意见。两种对立的意见，就是"异见"了。对于异见，红色权力欲望者会如何处理呢？是妥协，还是坚持自我呢？肯定是坚持自我，"你得听我的"，这就有了进攻或侵略的理由。权力欲望本身是想要将自己的想法强加在他人身上，以我的东西影响你的想法，让你感到压力。

当一个人拥有极大的内在欲望时，无论对方是否接纳，当事者都想要用自己的想法、理由说服对方。比如两个人在一起，一个人不喜欢沙拉，另一个人就一直在强调吃沙拉的好处，直到最后不喜欢沙拉的人认同道："好吧，吃沙拉是个不错的选择。"这种人在现实中经常扮演一种什么角色呢？比如说某个领导、某个小组的组长、某个项目的主导者、某个任务的负责人，也就是某个很有影响力的，自认为拥有顶级的权力和荣耀的角色。

另一种人则会觉得："我为什么要让别人听我的？每个人都可以有自己的想法，为什么一定要听谁的？"这类人是"拿破仑"的反对者，拥有追随者的特质，允许大家各持己见，保有各自的空间。

在工作中，有一类人是不达目的不罢休，他们有钉子一般的气质。什么是钉子一般的气质呢？就是说当我有想法的时候，无论外界给我带来了怎样的困难、阻碍和挑战，我仍然想要去坚守自己的想法和决心。

拿破仑攻城略地，就客观处境而言未必是最好的选择。但是对他个人而言，仅仅是"我想要"就足以支持他去这样做。所以说，拥有红色权力欲望的人会坚守自己的想法，得到自己想要的东西。

在解释权力欲望的时候，我们常提及一个例子：一个领导者对他人提出的建议、主张或反对，是做出一定的妥协，照单全收，还是在压力之下坚持自己的立场？在这里，我想和大家探讨的是"方向"的问题。身处领导岗位，知道自己的职责、明确自己的业务方向是非常重要的，而不是随波逐流，受他人影响。

我在很久前的一则新闻报道中看过京东早期董事会议的一个片段。董事长刘强东主持会议，其间，刘强东提出了一个方案设想——建立自有物流系统，就是在规定时间内完成订单配送。当时是2007年前后，中国快递行业虽已初具规模，但仍然存在诸多问题，比如快件丢失、无法追踪、保管不善等。那个时候，顺丰、EMS已经占据快递行业的半壁江山，问题虽多，但对目标群体来说，下单后等待收货是再平常不过的事情。虽然配送延误、货损、服务态度差等问题频繁发生，影响了客户体验，但这是行业普遍现象。就是在这样的背景下，刘强东在董事会议上的提案被副总坚决否定了，理由充分：我们是卖货的，运输就交给物流公司吧，根本没必要自己做。确实，自建物流体系需要巨大的资金投入，从财务上看，这是一个风险非常高的动作。发展初期，京东与其他公司的状况无二，资金都是不宽裕的。管理层担心，自建物流会导致公司资金链紧张，甚至可能拖累公司的整体发展。京东的核心竞争力在电子商务而非物流，资源分散会让核心业务的发展受到制约。物流是一个高度复杂的技术密集型行业，对京东来说，想要进入物流行业分一杯羹绝对是新挑战，必将面临激烈的竞争。

任何开拓行动，都可能遇到前进的阻力。我们要什么？我们应该做什么？我们为什么要去做？面对种种质疑，刘强东作了什么决定呢？会议结束后，副总就离职了，原因是什么呢？刘强东认为：我请你来是执行我的命令的，不是让你来教我怎么做老板的。

在职业领域中，我们把红色权力欲望称为成就动机的核心因素。也就是说，当个体拥有比较强的影响力和领导他人的欲望时，他是可以在领导岗位上去让自己的声音发挥更大的价值、拓展更大的空间。

那倾向于不做决策的人呢？你问他想要去吃西餐，还是吃家常菜，他可能会回答"都好"。你也许会说他对食物从不挑剔，这是一种好的性格。你向他咨询工作方面的问题，比如："你觉得我是争取外派机会，有更多的历练、更好的发展和更高的薪水，还是找领导谈谈降个级别，少加班，轻松点，好好享受生活？"你得到的回答很可能是"都好"，他或许还会补充道："如果是我，就选择舒服点的，不要担太多责任和风险，也不要太难为自己，差不多就行了。晋升、学习多苦呀！没必要那么辛苦吧？"这就是拥有蓝色权力欲望的人。

红色权力欲望者是以何种精神内涵和行为气质在生活、工作、学习的呢？

有领导和影响他人的欲望的人有一种责任和担当。他要的或许是一种"掌控"的感觉，我有时也会把它理解成控制。控制包括思维控制，就是要影响你的思维架构和模型。它还包括行为控制。比如说，一个老板要求他的秘书去C座大堂拿一个文件，但他可能会特别清晰、特别细致地要求秘书按特定路线过去拿——出了A座大堂的门向左走，穿过B座的小花园，再从后门进入C座。拥有红色权力欲望的个体，会要求对事物的发展、过程、进度、方法等有完全的掌握和了解。

为什么这个老板要给秘书那么清晰的指令呢？因为这条路是他认为的捷径，也可能是他认为非常有保障的路。如果秘书没有按照老板的要求选择这条路，老板就不能预知秘书到达C座的时间。"不能预知"的情况，是老板喜欢的吗？失控当然是这个老板相当不能接受的。老板对秘书的要求，从本质来说也是一种控制。

从优势维度来讲，有掌控力的人在进程管理中可以做到细致和精准，保证事情不出差错。在强大控制力的保证下，事情的发展会出奇地高效。"效率"两个字对他们而言是主张和守则，不可逾越，必须遵从。当他发现自己有想要的东西或想实现的目标时，他的所有行为、思维和影响力都会朝着这一方向。这也说明红色权力欲望者拥有钉子般的强韧气质，在面对严苛、阻力巨大的环境或挑战时，他会处于一种不放弃的状态。

强者始终不抱怨环境，再难啃的骨头，他也会锲而不舍地把它攻克。他想要去的地方、拿定的主意，不会因为外界的不确定性而有太多变化，因为他始终知道自己的目标。这类人个性强硬，甚至有点强势，但不放弃的特质会给他带来更多的获利的机会。俗话说"坚持就是胜利"，很多事情没有对错，认准的就坚持，时机到了自然会有回报。不轻易放弃，也是获得成就的核心。

领导型人物拥有的正是这些品质，他们会让自己的资源完全为目标所用，从而取得成就。这种人还拥有一个特别强大的内核——责任和担当！

前面提到的胡佛、拿破仑和刘强东的例子中，刘强东的例子离我们的生活更近一些，我们暂且以他的故事来作说明。

假如刘强东在经营管理过程中，基于自己某个特别的认知，导致决策失误，让企业误入歧途、蒙受损失，你觉得刘强东会推卸责任，跟别人说"我不知道。这与我无关。这是人事的问题、员工的问题、CFO的问题、VP的问题……"吗？他一定不会这么做的，为什么呢？首先，不可能有他不知道的企业决策。其次，出现了巨大的问题，责任是谁的？责任一定是老板的。所以，拥有红色权力欲望的人是绝对不可能也不应该推诿责任的。

2.好相处的蓝色权力欲望者

我们再转而聚焦于拥有蓝色权力欲望的人。这种人没有太大的主意，无所谓自己的方向在哪里；会觉得作决策是一件很伤脑筋的事情，找个了解的人问问就好啦，简单省事，所以尽可能会避免作决策；非常喜欢说明书或工作手册之类的东西，具体来说就是工作应该从哪里切入，到哪里结束，准备工作是什么，每项工作的节点是什么等等，他们需要一个清晰、具体、明确的引领。蓝色权力欲望的人非常喜欢模型，因为他们会觉得作决定、作选择太麻烦、太耗费精力了。"最好有个人或有件事物在行动的过程中给我一个具体的指令——向左还是向右，一句话的事！就不要让我去自由发挥了。"

两种性格气质截然不同：红色权力欲望者会具体要求他人做事；蓝色权力欲望者不会也不想干涉别人的想法，能够给他人"你想怎样就怎样"的空间。蓝色优势在此也更为凸显：非常随和，好相处，容易说话。和他说话或者一起做事都是好商好量的，怎样都没关系；当你有诉求或请求时，他能好好配合你的需求、理解你的处境，给你通融、支持。

因此，对拥有蓝色权力欲望的人来说，更为舒适的角色是支持者，比如秘书、助理这种协助他人的工作岗位，这些岗位的特点就是决策空间比较有限，不太需要拿主意，也不容易做错。这种人在这种岗位上春风得意，他们乐意被安排，也能满足红色权力欲望者的控制欲，达到极致的平衡状态。

3.你的孩子真的"不听话"吗

以上情境也许让我们对红蓝两方的差异有了比较鲜明的感受，但值得注意的是，人们在生活、工作、学习中有时仅仅会体现出一个维度的特质。比如，一个红色权力欲望者可能并不是一位领导，而是一个钉子般坚强的妈妈。

再聊回教育话题。在孩子的成长路径中，无论是婴儿、儿童、青少年，还是大学生，你几乎能在任何年龄段的孩子身上发现不同程度的"控制和主导性"。有个非常有意思的现象就是，一些孩子会被家长或者老师"夸奖"："主意很多、很大""自己有一套，每天要做什么、要去见谁，他们早就想好了，不用你安排"……因为想的和老师、家长想的不一样，他们就被认为"不听话"。家长和老师或许会抱怨带这种孩子太麻烦，尤其孩子再大一些，到青春期的时候，你会发现他们太难管了，你都不知道他们成天到晚脑子里想的是什么。如果你遇到这种情况，我会悄悄提醒你：要懂得珍惜这样的人才！为什么呢？

你有没有发现，前面提到的那些名人似乎和这些"不听话"的孩子有些许相似？有主意、有主见、有方向，不就是用来形容红色权力欲望者的吗？这些"不听话"的孩子是懂得承担责任的，知道自己要去哪里、要做什么，有能力实现自己的想法，能控制人生方向。如果是这样，岂不快哉！

当我们定义一个孩子非常有主意、有主见的时候，他确实很难搞，但同时证明了他有一颗不安分的心。这种个性气质注定会让教育之路充满荆棘，尤其是对有掌控欲的家长来说，这将是更大的挑战。但是，我希望家长能够给予这种孩子好的保护。成年人和孩子身处一个世界，却会有不同的身份和角色认知。孩子，尤其是青少年，通常会尊重家长的权威，让自己处在相对弱势的地位。孩子有敏锐的觉察力，当孩子拿自己与像山一样伟岸的父母作对比后，他会对这种权威生出一些不一样的认知。孩子会照葫芦画瓢，想要去做那个发号施令、呼风唤雨的大人物！这也许也是一种"遗传"，所谓"虎父无犬子"，大人不经意间在孩子面前表现出来的样子，或许会成为孩子效仿的对象。这是机会，也是危险，危险在于万一家长示范错了，就会带来不良的结果。可见一个人的成长环境和经历有多重要！我们该如何引导孩子往正路上走呢？那就要让孩子看到的都是对的、都是好的。比如，如果孩子对成为大人物充满好奇，我们就需要对他们进行必要的领导力教育，让他们知道如何具备管理者的能力，怎样成为领路人。我在这儿还需要说明一点，那就是有欲望是一件好事，证明我们内心真的想要这个东西，但想要只说明了你渴望这能量，能不能具备这个能量，还要看我们的资源配置。

我们经常会见到性格差异比较大的夫妻，如果两个人都是红色权力欲望者，那就经常会出现意见不合的情况，想要达成共同的目标，吵架是必须的。吵架是彼此不爱吗？恰恰相反，两个人内在气质相投才会互相吸引，虽然你不同意我，我也不认同你，但起码说明，我们都是有想法的人。

如果亲密关系的双方差距较大，或者父母与孩子的需求极不一致，那就很可能发生很大的冲突。比如说，孩子的权利欲望尚不明确，他的妈妈作为主要教养者，对这个孩子施加了较大的影响力，具体表现为妈妈事无巨细地要求孩子。家长如果对孩子进行"无缝"干涉的话，这个孩子很可能会长成一个别人说什么他都觉得"行""好"的大人，或者养成遇强更强的个性。

再比如，夫妻双方中的一方是没有主意、没有主见、好脾气、好相处的人，另外一方是一个很强势的人。强势的一方在工作中缺乏机会取得成就，或许就会出现一种极端失衡的情况，那就是在夫妻关系中寻求主导者地位，以此来弥补工作中的失控，让自己看上去还是一个可以做主的人。强势的人即使在家里什么都不做，也会对蓝色权力欲望者的爱人颐指气使，这就出现了亲密关系中的欺负现象。所以说，不同的权力欲望、不同的组合模式，以及不同的处境、角色，都会造成很多问题，产生优势、劣势。

4.红、蓝有好坏之分吗

在动机需求层面有个一直被我们熟知和强调的概念：动机需求无论在哪个层面、何种强度，无论是什么颜色属性，无论组合方式如何，都没有好坏之分！因为任何需求都有积极的与消极的两方面影响。那么在权力欲望层面，优势、劣势又是如何体现出来的？

有红色权力欲望的人拥有钉子一般的气质，是很有担当的，也是离成功者、领导者这些角色更近的存在。他们能够主导自己的人生，把控生活、工作的方向，只要条件合宜，他们很容易取得成功。这些特质就是红色权力欲望者明显的优势。

那么有什么东西是能够影响和制约其发展的呢？正所谓"成也萧何，败也萧何"，我们经常会发现自己身上拥有某种特质，但有时这些特质也会产生反作用力，对我们的行为产生某种制约。比如，一个很有主意的人就因为太有主意而给周围的人带来了一些压力。在"将自己的想法强加于他人"这一过程中，这个人势必会改变他人原本的意愿，于是就会让他人产生"有点强势"的感觉。而且他是相当不容易被人说服的，因为他的想法、方向就好比一个被坚硬外壳包裹的东西，一般的东西刺不进去。

再看拥有蓝色权力欲望的人。你可能会说"没脾气，好说话"的一个人怎么可能有优势呢？如果你是这样的想法，那你就要注意了，这个课题就是为你准备的！为什么呢？因为当你这个想法出现的时候，就确定了你是一个拥有红色权力欲望的人，而且，你很喜欢这种力量感，打心里不接纳与自己不一样的人，这就是为什么我们会有"从骨子里"讨厌一件事情的时候。

对拥有蓝色权力欲望的人而言，很多事情是无所谓的。很好说话，去哪儿都行，压力来了能消化，硬茬来了以温和化之，我不和你争，你还硬得起来？他们可能就是中国传统文化中"以柔克刚"的鲜活代表吧！在中国古老的哲学和武术概念中，存在一种通过柔和的方式来克制或战胜刚硬的力量。这种思想源自道家，特别是老子《道德经》中的"柔弱胜刚强"，强调柔韧和顺应自然的力量。在武术中，"以柔克刚"体现在太极拳、柔道等技艺上，强调的是利用对方的力量，而不是与之对抗，用白话讲就是"借力"。例如，在柔道中，通过借用对方的力量来将其摔倒，而不是直接用蛮力去推。这种哲学思想也常被用来形容生活中的智慧，尤其是在面对挑战或冲突时，通过温和、灵活的方式来化解问题。所以，蓝色权力欲望者的绝对优势在于：温和，容易沟通，不易起争端，能够当一个很好的服务者或协调者，不会将自我的主张置于整件事情的发展过程中。

有好，就一定有不好；有优势，就一定有劣势。两者存在于同一客体，但常常表现在不同的情境中。红色权力欲望群体，有掌控力，有方向，有主意，是蓝色权力欲望群体所不能企及的。因为蓝色权力欲望群体在事情的处理上缺乏明确的方向，缺乏坚守下去的能量，很容易在半途中放松或者放弃。

红色权力欲望者是想要给予他人方向的人，蓝色权力欲望者是想要得到方向和被引领的人。在这个架构中，你可以按照自己的特质，去发挥自己的优势，从而实现更好的人生。

有种说法叫"啄食顺序"，现在我们用
"啄食顺序"来表述人类地位欲望的深层内
涵——层级结构和竞争行为。

1.鸟类的啄食顺序

童话《灰姑娘》大家耳熟能详，一个美丽善良的女孩被后母和姐妹虐待，住着破旧的房子，过着悲惨的生活，却通过仙女教母的帮助，参加王宫舞会，赢得了王子的爱，最终脱离困境，命运就此改变。王子与灰姑娘的故事是无数女生的梦想，是对浪漫和冲破阻碍的一种期待，但是现实生活中又有多少王子一样的人物会与灰姑娘发生这种恋情呢？我想可能只有灰姑娘才如此幸运吧！

王子与灰姑娘的故事象征着跨越社会阶层的浪漫爱情，主角是来自不同背景的人，他们克服障碍，最终走到一起。然而，那只是童话。第一，社会阶层的差距不仅体现在经济状况上，还涉及教育、文化、生活方式和价值观等方面。因为阶层的巨大差异，两个人很难在现实生活中形成深层次的联系和相互理解。第二，来自家庭和社会的压力往往会影响个人的婚姻选择。许多父母希望子女选择与自己的社会地位相当的人结婚，以确保在经济、文化和生活方式上的匹配。第三，经济和权力的不平衡会导致关系中的权力不对等，进而影响关系的稳定性和幸福感。现实中的"王子"可能无法像童话中那样无条件地为自己的"灰姑娘"提供保护和支持。第四，个人选择和价值观千差万别。现实中的爱情比童话中的更为错综复杂。跨越社会阶层的爱情故事时有发生，彼此的兼容性也将决定二人能否建立和维持稳定的关系。

跨越社会阶层的爱情在现实中并非完全不可能，但需要双方付出更多的努力来克服社会、家庭和文化方面的障碍。

印度是一个传统且文化多元的国度，其丰富的历史、宗教和艺术展现了非凡的文化活力和创新精神。尽管在经济和科技方面表现不俗，印度仍然面临社会不平等、种姓歧视等挑战。种姓制度是印度根深蒂固的社会等级制度，根据血统和职业来划分社会等级，并且具有严格的社会规范和限制。种姓制度可追溯至公元前1500年左右的印度早期社会，与《梨俱吠陀》（*Rigveda*）中提到的"婆罗门"种姓有关。随着时间的推移，种姓制度的结构越来越复杂。最初，种姓制度是基于职业的划分，但后来演变成一种世袭制度。四大种姓包括婆罗门（brahmin）、刹帝利（kshatriya）、吠舍（vaishya）、首陀罗（shudra）。职业等级由高到低为：祭司、学者、教师，负责宗教仪式和学习；武士和贵族阶层，负责军事和行政；商人、农民和工匠阶层，负责经济活动和贸易；低等种姓是劳动者和服务人员，负责为其他种姓提供服务。从出生那一刻起，你的交友圈子、你的婚姻、你的工作就都已注定。"自由选择"从来都是奢求，有些人一辈子衣食无忧，有些人生下来就性命难保。

在清晨楼下的公园里遛弯时，你会听到叽叽喳喳的，声音不大，但很有穿透力的鸟鸣。你可能会下意识地抬头张望，一个鸟窝或许就在树的上面，但是没有大鸟在里面。幼鸟的叫声悦耳动听，但你会不会好奇，小鸟在窝里叫不停，目的是什么呢？孩子饿了会用哭声来表达，小鸟饿了也一样。小鸟还不会飞，不能自己找吃的，完全依赖父母提供的食物，于是引起父母的注意是吃饱的前提。父母出去觅食，会不会在回来的时候迷路？小鸟便特别贴心地用叫声来为父母引路，确保父母知道自己的位置，并时刻提醒父母自己的存在。带食物回来的大鸟要一个一个地喂食，窝里有好多只小鸟，第一口给谁？自然是谁的叫声大，就先给谁吃。爸妈不在家，小鸟心里害怕呀！发出叫声，就代表希望得到回应，小鸟听到了父母的回应，心里就会觉得很有安全感。多么精微的小心思呀！小鸟成功让大鸟满心满眼都是自己，好处是什么呢？简单直接一点就是得到更多的食物。温饱问题解决了，活下来的可能性就更大。

西方有种说法叫"啄食顺序"，常见于鸟类群体的社会行为。这种顺序通常是通过个体间的斗争、表现或其他形式的竞争建立起来的。

啄食顺序有明确的内涵，首先是层级差异。在一个鸟群中，通常会形成明确的等级结构，最强壮或处于支配地位的鸟在顶端，最弱小的鸟则在底层。处于顶端的鸟通常可以最先获得食物，底层的鸟则必须等到上层的鸟吃完或离开后，才能开始进食。其次，这种顺序一旦建立起来就会保持相对稳定，除非群体内部发生重大变化（如新增成员，或老成员离开）。每只鸟都知道自己的层级，所以这种稳定性也有助于减少群体内的冲突。通过观察，人们发现处于支配地位的鸟可能会通过啄击、威胁或占据有利位置等行为，来维护其优先获取资源的权利。底层的鸟则通常会表现出顺从和避免冲突的行为。冲突势必带来损耗，但啄食顺序保障了群体内部的资源分配，通过减少频繁的争斗和冲突，可以更有效地利用食物资源，并在一定程度上维持了群体的稳定性。

如今，我们也会用"啄食顺序"来表述人类的地位欲望更为深层的内涵——层级结构和竞争行为。在商业环境中，人们往往通过职位、权力和影响力来确定自己的地位，并享有相应的资源、机会以及优先权。

好莱坞也是经常被我们提及的。去美国西部旅游的时候，旅行团行程的"标配"就是比弗利山庄吧！因为比弗利山庄是大部分好莱坞影星的居所。你可能也曾听说乔布斯生前、扎克伯格、拉里·佩奇都住在硅谷的帕洛阿尔托（Palo Alto）小区。明星都住在比弗利山庄，硅谷大佬都住在帕洛阿尔托，难道这一切都是巧合？如果你自我介绍说住在帕洛阿尔托，那么了不得，贴在你背后的标签就会有敢于冒险、不断创新、文化、前沿、利益、机会、成功。因为生活在硅谷"心脏"的人，搞不好车库里又孕育着一只科技独角兽。那里有斯坦福大学影响力的加持，为学术与工业完美融合提供肥沃土壤，孕育着知识和创新的希望；那里几乎是科技巨头创始人和领导者的居住地，是全球科技精英交流、合作和创新的中心；风险投资公司都有进驻，代表着机会、资源和成功的可能。不起眼的城市引领全球科技风向，梦想照进现实，在当今科技领域，舍帕洛阿尔托其谁？

如果以居住区来定夺啄食顺序，恐怕帕洛阿尔托小区的业主比一般居住区的居民都更有选择的权力。只是一个小区、一座住宅，背后就有这么多门道，这就是身份的符号化！居住区、在公司里的头衔、开的车子，无疑都是身份的象征。

无论你认同与否，这些都是现实生活中真实存在的，也正体现了人性中对地位的极致追求，我们将之称为红色地位欲望。小鸟、明星和科技大佬都希望"与众不同"，"与众不同"其实就是一种特权。

头等舱价格昂贵，因此购买头等舱机票的人拥有优先登机的特权，红色地位欲望者享受特权带给自己的与众不同的优越感。这种优越感也可能是生存下去的机会。就像《泰坦尼克号》里演的，住头等舱的人可以优先登上救生艇，生存概率就会多一分。

例子足够多，我们不妨先总结一下共性吧。

拥有红色地位欲望的人想要与众不同，他们喜欢成为焦点的感觉。因为想要成为焦点，所以更在乎自己的体面程度，在乎怎样时刻呈现与众不同的品位。说到了豪宅，又说到了头等舱，红色地位欲望者追求的仅仅是物质的东西吗？其实不然，他们要的是独特。什么东西有独特性？必须是稀有的。王冠只有一顶，冠军只有一个，我有你没有，就是特独。出门没戴王冠，会被人忽视吗？很有可能。所以就得有衬托出我如此尊贵地位的衣服、车子和仪仗才行，这样，即使没戴王冠，我也能享受礼遇。

一个准备脱单的女孩如果是红色地位欲望者，她就会期待在约会吃饭时，男生能先为她拉开椅子，让她优雅地就座，然后自己再落座。她非常在乎"仪式感"，比如说去高级一些的餐厅，对方事先点好菜品，因为这些意味着被礼貌对待，也意味着体面、得体。"专供""定制"都是她喜欢的，总的原则就是专属于我的待遇。

2.实用主义的蓝色地位欲望者

另外一种人是蓝色地位欲望者，他们稳重低调、内敛谦虚。

镁光灯下的明星也不全是拥有红色地位欲望的人，我非常喜欢的一位歌手就是蓝色的典型代表。在一次粉丝见面会上，朴树的一身装束令我多年后仍对他记忆犹新。一件套头衫，一件已经松垮的套头衫，感觉像是穿得太久了，你都觉得已经变形到只能在家穿穿算了的程度，他就这样大大方方地穿着它站在镁光灯下。你会觉得他不尊重粉丝吗？完全没有，因为他以音乐感人肺腑。他的《平凡之路》，我想是大家都不陌生的旋律。这首歌从某种程度上说是朴树的灵魂层面的演绎——一个朴实无华，却对生活有无限追求和热爱的人。朴树通过这首歌表达了对生活的独特理解，既简单又深邃，充满了对人生的思考和自我反省，也体现了朴树的音乐才华，以及他低调、真诚的人生态度。你只来听歌，没有必要看到我，我与你一样，并没有特别之处。这就是蓝色地位欲望者的气质：平易近人，不希望以高姿态示人。

街上经常传来一阵轰鸣的声音，我们知道那不是哈雷就是超跑，虽然是两种车，声音有差别，但无一例外地成功吸引了你的注意。你可能会认为这种声音很讨厌，但你还是不由自主地朝窗外张望，引发你一系列想象。什么牌子？多少钱？是限量版吗？这就是吸引眼球，就是出位。同样是车子，蓝色地位欲望者会认为，即便自己很富有，但车仅仅是个代步工具，干吗搞得那么复杂？简简单单就好。

超市里一只很精致的马克杯，在没有品牌的加持下，售价50元。当冠以著名设计师联合或知名品牌之名后，其身价就可能翻几倍。

在消费者需求中，对地位的不同追求，决定着其消费习惯和行为。有的人愿意付高昂的费用，为高级的品牌，为更好的品质，彰显自己的与众不同。同样，在选汽车的时候，有的人看性价比，有的人则看品牌。红色地位欲望者追求的是耀眼的既视感，不走寻常路就对了，"BBA"是保底，限量款才配得上我。蓝色地位欲望者会更加务实，更加在乎实用价值，更加倾向于"隐身"效果。

3.红蓝两方孰优孰劣

拥有红色地位欲望的群体想要取得优先权。在生活中，我就是那个不可或缺的、不可替代的身份，位置对我而言很重要，要独特，要极致，在极致中才能彰显特权。

早年间各种各样的俱乐部风靡京城，长安俱乐部便是最早的那一批里的，20世纪90年代初成立，坐落在长安街上，靠近天安门广场和故宫等地标性建筑，地理位置非常优越。它具有特殊的象征意义，见证了一个时期社会的发展。其入会条件严格，为邀请制，受邀者身份多为企业高管、政府官员、外交使节以及文化名人。这种严格的会员筛选机制确保了俱乐部的高端定位和私密性。北京最早的高尔夫球俱乐部于1985年开业，在那个几百元月薪的时代，该俱乐部的入会费用就高达几十万元，并且要收取年费，不仅仅考量会员的资产，还会对会员进行身份验证。所以说，要想进入这些俱乐部，头衔、地位就很重要。

一个头衔意味着一种专属特权，也意味着一种身份。你感受一下，小王、王先生、王老师、王总、王董，是否有所不同？这就好比在职场中，你是选择一份职务一般，岗位很有含金量，薪水不错的工作，还是名头非常大，办公条件优越，但是薪水一般的工作？红色地位欲望者会选择后者，因为体面，有品质，在豪华写字楼里办公也是地位的象征。拥有蓝色地位欲望的人会选择前者，因为务实，工作就是工作，不需要太多修饰的东西。当然，企业名头同样重要，它代表了品牌影响力和市场竞争力。比如世界500强公司为人人所称道，会让红色地位欲望者趋之若鹜，他们不太在乎工资一般、往返不便等问题。

在企业管理过程中，我们常常提到非物质激励这个概念，当然，所有动机需求都包含非物质激励的底层逻辑。我们今天仅仅在这儿提及的职业晋升与发展，包含薪水、办公环境、岗位头衔。对不同的个体而言，上面这些要素的重要程度也不同，企业的人力资源管理者要学会识别个体需求。简而言之，如果给个大点的头衔就可以少发点薪水，那对企业来说未必不是最优的选择。

"拥有更为特别的东西"也是红色地位欲望者所在意的。比如，我的新年礼物比你的更特别。更为通俗的表达就是"要和你的不一样才好"。想识别一个人是否拥有红色地位欲望，你通过观察他的穿着、开的车子、住的小区、戴的首饰就可以轻而易举地得到答案。如果你在追求这样的女生，你就知道要选一家好餐厅，和她约会要有仪式感；如果你是做人力工作的，你就知道，他想要一份更体面的工作。

不要误以为红色地位欲望者就一定追求物质，他们对商业成就的追求也不容小觑。

有个概念叫作成就动机（achievement motivation），说的是个体在追求成功和实现目标的过程中所表现出的内在动力。它可以被用来解释为什么有些人对成功的渴望比其他人的更强烈，以及这种渴望如何影响他们的行为和成就。成就动机中非常重要的一点就是"追求卓越"，即不满足于平庸，在某一领域中力求做出更为出色的表现，并在此过程中不断设立更高的目标。第二点就是对"挑战"的偏好，挑战在动机需求中属于权力欲望范畴。

一个人只追求豪华服装，就不免有物质之嫌，但如果他在学术或商业领域中以成为不可替代的存在为个人奋斗目标，那他就有可能成为佼佼者。

与之不同的蓝色地位欲望者的关键词又是什么呢？平易近人，喜欢人与人近距离相处。去到一个很高级别的场所，当门童鞠了一个90度的躬时，有人会欣然接受，也有人会下意识地还礼，以此来表达对他的尊重。写作《平凡之路》这首歌的朴树也许就在寻求人与人之间的一种相对的平等，在平等观念的驱使下，他对外在的东西便没那么在乎，不需要看他人，也不需要被他人看。

两种颜色的地位欲望各有什么优势、劣势呢？

红色地位欲望群体追求与众不同，期待被他人尊重以及区别对待，想要华丽呈现，喜爱耀眼的光芒，会让他人有得体、高级、有追求的感受。优势不言自明，那么其成长机会和方向又在哪里呢？

拥有红色地位欲望的人，是否会因为关注仪式感和被尊重对待，而忽略了一些事物的客观本质？比如抱怨男士没提前去餐厅订位，嫌他不够用心，客观事实是这位搞IT的男士加班写代码，忙到错过了订位时间。

而拥有蓝色地位欲望的人，朴实无华的你，是如何表达对一个特别的人或一个特殊场合的尊重的？比如表妹的婚礼，你会穿什么衣服参加？能帮什么忙？作何种准备？

前面我们一直以约会来举例，现在就来说说地位在亲密关系中发挥何种影响。亲密关系的伊始是恋爱，通过牵线认识的双方需要一个彼此相看的过程，俗称相亲。相亲的本质就是看，看什么呢？看对方的衣品、身材、样貌、魅力、气质等等。再说直白点，就是用你的标准来评价眼前人。蓝色地位欲望者有时太过朴素，给人不修边幅的随意感，他可能觉得衣服是刚洗过的，很干净，而没有考虑得体。衣服穿上去松松垮垮，甚至会被你质疑"这是你的衣服吗？是借来的衣服吧"，然后打消恋爱的想法。

红色地位欲望者在外在形象上追求极致，所以能够很好地把握高级感，给人贵气的感觉。再说约会，因为他很有品位，所以选择的餐厅不会出错，东西不好吃没关系，环境好就行，苍蝇小馆再好吃也不是对的选择。在高级餐厅订位点餐，极致的餐桌礼仪、到位的服务、独特的菜品，这一系列的恰到好处，都是"在意"的表示。

拥有蓝色地位欲望的人不认为需要先点餐，因为他觉得"我不知道你的口味喜好，万一我点的你不喜欢吃呢"，但如果约会对象是拥有红色地位欲望的人，她就会希望你多用点心，要把对她的尊重表现出来。

可见，地位欲望在关系中影响的不只是外在，还包括非常关键的人与人的相处规则和相处模式。王子与灰姑娘婚后很难在彼此的生活模式中协同爱人，这就需要共同成长。

不论是家长，还是教育工作者，肯定都经历过青春时期，那你们还记得那时的经历吗？是否还记得郭富城的蘑菇头、黑马甲？五颜六色的头发和叮当响的装饰也是那个年代的潮流，但不可否认的是，它们都属于奇装异服，让学校和老师头疼了好一阵子："这些孩子太不好管了！"当今的孩子对物质都比较敏感，吵着要买动辄几千的球鞋和最新款苹果手机，还想要线上定制款，自己设计图案，因为"专属于我的才是我想要的"。他们并没有可以支配的资产和财富，但这就是地位在青少年群体中的面貌——时代不同，形式不同而已。

拥有红色地位欲望的孩子比较在乎物质，在乎物质就一定是错的吗？所有需求都有两面性，所以我们应当先看孩子真正想要的是什么。比如孩子想要被关注、成为焦点，那么换上奇装异服就能让他实现这一点。明白之后，问题就好解决了。告诉他，想要穿奇装异服，追求品质生活，一个现实的前提就是得有钱。既然让自己开心需要花很多钱，那就让自己先变得卓越，再富有起来吧。

一个拥有红色权力欲望和地位欲望的人，追求受人敬重，要把自己的公司塑造成顶尖企业，所以当一个更高级别的目标或更开阔的领地出现时，他就会带领自己的企业向那个更加卓越的目标或领地靠近。

蓝色地位欲望者就不会成功吗？答案是否定的。拥有蓝色地位欲望说明他对人与人之间的相处模式和所谓的位阶差有包容性。他没有那么急切地想要成为什么，但是当动机需求的其他项目处于高位需求时，他仍然能够成就属于自己的一片天地。就像朴树，他是一个非常优秀的音乐人，对音乐有纯粹的、持久的追求，他要在喜欢的方向有所建树，但不以示人为目标，仅追随自己的内心。所以有蓝色地位欲望不等于不会有成就，只是路径会更加独特。

一个人对位阶的概念受环境影响颇大。如果这个人在小时候有过想要去吸引更多的目光的经历以改善自己的处境，或者生活在位阶严格的环境中，那么在成年后，他便可能倾向于想要受人尊重、持有特权。

一个人的原生家庭如果是非常平和、平等的，比如在一个非常朴实的农村家庭里长大的孩子，那他对这种所谓的得体或者面子的概念可能就没那么清晰。他会倾向于认为人和人是不同的，没必要用特别的事物来彰显与众不同的身份。有的时候，他甚至会做出一些不符合自己的身份或地位的事。这是成长环境的差异塑造出的不同个性。

对一些拥有红色地位欲望的人而言，他们真的希望能持久吸引别人的目光，并且确保不让别的东西将目光转移，否则红色地位欲望者的世界会崩塌。尊贵可以通过物质表达，包括行头和打扮；在语言方面，他们也会想要展现万众瞩目的"内涵"，但这种语言方式能否为大家所接受，能不能取得广泛的价值认同，有的时候真不一定。

保留，重点就在"留"字上，有，就得留下来，这体现了对财产和物品等持续保有的意愿，会带给人幸福感。

1.小松鼠能有什么心思

一只名为Ruby的小松鼠曾经也是我的家庭成员，它是一个命运多舛的小家伙，几经易手辗转到了我家。

最初，它被一个小朋友从学校门口买回来，因遭到家里隔代长辈的训斥，转交到了第二任主人家里。第二任主人疲于照料，给它用小而窄的纸箱做窝，它终日不见天日。我心疼这个小家伙，所以把它带回家，把它安置在豪华的三层别墅里，怕其孤单，还给它娶了个叫Lucy的媳妇。

后来，它试着越狱了几次，我觉得是我的世界太小，终究容不下它，于是在给它做了适度的野外训练之后，在樱桃沟有山有水的地方将它放归山林。

与Ruby相处的日子里，它每天不知疲倦地疯跑，带给我很多快乐。这是一只金花松鼠，小小的一只拿在手里，算上尾巴，跟掌心一般大。它的脸颊上有五条黑白相间的条纹，这些条纹从鼻子延伸到背部，非常显眼，背毛是红棕色的，肚子颜色较浅。我闲来无事就喜欢看它，它像电机一样高频的、有规律的运动时常让我捧腹大笑。

它特别喜欢吃坚果，没有加工过的核桃、瓜子是它的最爱。在我喂食的时候，它几乎是以迅雷不及掩耳之势就将其扫荡一空，让我觉得它真的是好饿啊！有一次我很好奇，准备了一大把坚果，其中有大大的夏威夷果，夏威夷果很硬，不像核桃那样松脆。松鼠的头没多大，所以那夏威夷果对它来说想必也是庞然大物般的存在了。我是故意的，就想看看这么饿的小家伙，到底吃得下多少。

它双手抱着大果子，吃得津津有味，一刻不停地吃啊吃。当它现出犹豫之态的时候，我想它应该是饱了，结果它又继续吃起来。这个时候有新情况了，它的脑袋看上去大了不少，再仔细观察，原来变大的是腮帮子啊！它把果子都装进了腮囊，迅速跑回窝，片刻后又回来继续"战斗"，就这样几个来回，它将我准备的坚果一扫而空。我拿手电筒窥探了一下它的小窝，好家伙，整整齐齐地码放了一堆果子，把方正的木头房子的两个角落填得满满的，真是惊人！

金花松鼠的腮囊在脸颊内，从嘴巴一直延伸到下颚，非常灵活。它用腮囊来临时储藏食物，一旦找到安全的地方，就用前爪从腮囊中拿出来。这个神奇的"仓库"可以扩展到相当于其头部大小的程度，所以即使再小的松鼠，其腮囊也能容纳几十颗种子或坚果。

Ruby开始囤粮的时候，靠近脖子的位置会有一个大大的包鼓出来，这个鼓包不是那种规则的，不圆也不方，而是随着你给它的食物的形状变得凹凸不平。如果你给的是半个核桃，那么它的腮帮子就清晰地呈现出有棱有角的几何形状，滑稽极了。

松鼠吃饱之后，会把多余的粮食放到腮囊里，转移到安全的环境中。它很在意这些好吃的，即使现在不饿，它也要留着它们。如果主人再去给它喂食，它也能够将食物统统装进嘴巴。那么问题来了，小松鼠会有饱的时候吗？或者，会有塞不下坚果的时刻吗？答案是它会饱，但从来没有塞不下的情况发生！它要么是吃到肚子里，要么存在腮囊里，又或者搬回家藏起来。这就是动物界中的囤积行为，体现了对食物的占有欲。小松鼠囤粮食是出于生存的本能，那我们人类社会中是否有类似的情况？

去一个朋友家里做客的时候，我发现他家东西特别多，比如说在客厅里，我发现一团类似捆螃蟹的线绳，问他这是干嘛用的，他会说"万一有用呢"。去另外一个朋友家，他指着书柜上放着的小海豚玩偶说："这是我小学四年级的奖品。"聊天间隙，他回忆起某个愉快瞬间就起身去房间里，出来的时候"变"出了小时候的书包和"拍画"。

还有个朋友算是变形金刚的收藏家，20世纪八九十年代的变形金刚他都有。我去邻居家串门的时候，发现他家里有好多车模，各种各样的，非常灵动。他在客厅安放了一个大的展示柜，里面还有很特别的灯光布置，让这些藏品看起来更加赏心悦目。

有位分析师特别喜欢淘宝购物，后来消停了一段时间。一天，她的老公莫名其妙地问："你最近没下单吗？"老婆很纳闷，说："你想让我帮你买东西吗？"回答居然是："我没有想要买的，我只是觉得最近没有纸箱子可收了，比较郁闷。"原来，她老公习惯了以回收快递废纸箱为乐！

你也许会好奇为什么有人喜欢收纸壳，那是因为纸壳可以卖钱，妈妈在我小的时候就让我去卖废品，用卖废品的钱买冰棍。那问题又来了，买东西，收集纸箱，再把纸箱当废品卖出，中间这笔账怎么算起来有点亏呢？不买东西，能省下50块钱；买东西就能卖纸箱，收入1块钱。我的天啊，到底怎样更划算？

这就是人生百态，也是我们接下来的主题：保留欲望。保留这个概念，重点就在"留"字上。犹如金花松鼠囤食物那样，有就得留下来。这体现了对财产和物品持续保有的意愿，囤积和收藏也会给人带来幸福感。

财产包括什么呢？通俗意义上讲的财产包含钱和资产，钱自不必说，物的范畴就很广了，包括前面说的变形金刚、车模。这些东西无论价值贵贱，都可能被"我"定义为财产。

除此以外，它还包含一种非常特别的东西，看不见摸不着，无色无味，却能跟随你一生，你又可以将其传承下去。这种特别的东西就是感情，我们将其称为无形的资产。

保留欲望的指向性，是对财产的保有欲。金花松鼠将食物囤积在腮囊和房子里，朋友留着捆螃蟹的线绳"以防万一"，分析师的先生希望有更多的纸箱可以收集，这些都体现了红色保留欲望。

红色保留欲望者是非常节俭的，精打细算到一些老人家里的水龙头滴滴答答的，坏了也不找人来修，就因为这样水表不会动，水费算是省下了。

红色保留欲望在长辈身上普遍表现得更明显，这是为什么呢？其中不乏成长环境、时代背景、人物自身气质的原因。1959年到1961年闹饥荒，我的父辈在那时只是十几岁的孩子，持续干旱、洪涝和低温的恶劣天气导致粮食生产几乎进入绝境，粮食短缺，经济衰退。

我是"80后"，这些史料都是常听父母所言后又进一步查证的，虽未亲身经历，但也足以让我发出痛彻心扉的叹息，更印证了那句话："你以为岁月静好，只是因为有人替你负重前行。"

极端环境和社会条件在很大程度上塑造了人的思维方式、生活态度和行为习惯，父辈们势必会谨慎、节俭。严重的物资匮乏让他们珍惜食物等一切生活资源，每一分钱、每一粒粮都被视若珍宝。以备不时之需的储备意识，再次面临生存挑战的恐惧感，有上顿没下顿的不确定性，让他们非常缺乏安全感；对生活风险敏感度高，一有风吹草动，便如临大敌；为了规避风险，见到新鲜的东西也要保持谨慎态度……

他们可能抹不掉烙印在他们生命中的影响，终其一生也学不会扔，因为扔在某种程度上意味着对生命权的放弃和无能为力，这就是环境对人的塑造。

他们拥有顽强的生存意志和抗压能力，可以在困难中保持冷静，寻求更好的突破，但更愿意走稳定的路线。家庭和家族团结提高了其生存下来的可能性，所以会让其对家庭和家族更为依赖，在很多时候倾向于共同努力、互相帮助。他们也会将这种警惕精神传给下一代。

2.金钱观大不同

常常有友人身着名牌来赴约，有的人会把昂贵的LV包小心翼翼地放到桌椅上，有的人则会把限量款直接丢在地上。同样昂贵的包，却受到了不一样的对待。我们可以试着用读心术来解读这两种行为：以包为主体的"物"至上，还是以会面为主的"事"至上。虽然有点碍事，但总不能把心爱的包放地上吧；来开会，包没地方放，就丢地上了，即便再贵，也只是个包，放的位置不碍事就行。把包放地上，不是主人不在意，而是觉得不能为之所累；把包放桌上，主人一定是在乎它的，这体现了保留欲望中的"珍惜"。

红色保留欲望者对待财或物都非常小心。买的房子、开的车子、随身的包、穿的鞋子，他都爱护备至，出现小问题的时候，会积极地维修、保养。车子上有鸟粪，他担心车漆被腐蚀，就赶紧清理；包有磨损，就赶快去店里修复，保持光鲜亮丽的状态。

这么做的意义何在呢？特别直接的意义就是保值，昂贵的包得到精心呵护，在二手店铺中可以因为成色出众而定价更高。宝马轿车会因为车漆光亮如新，发动机一尘不染，而在二手市场中卖出更高价。

破损、被丢弃、缺乏维护是红色保留欲望者不能接受的状态，他们看重物品自身的价值。东西坏了，修一定是首选而非扔；遇到再喜欢的东西，也会思考一下这个钱值不值得花，有没有平替，是不是一定要买，斟酌一番决定要买了，也会再比价。

反观蓝色保留欲望者，发夹再贵，断了就该扔；键盘再新，坏了就不能将就；喜欢一个东西就买下来，开心最重要，无须计较太多。

保留欲望包括对资产的欲望，也包含花钱换得的情绪。把钱花出去了，账户上的数字变少了，但是拥有的东西变多了。虚拟数字的钱变成实物之后，人会产生真切的安全感。所以蓝色保留欲望者会去思考花钱后得到了什么，如果花完钱什么也没留下，那他们下次再遇到这种情况，大概率就会持审慎的态度了。

一部分女生会做出化妆品还剩三分之一或五分之一就不要了的举动，因为买了新的。蓝色保留欲望者花钱比较冲动，如果账户里有钱，享受生活就是他们的人生哲学。赵本山老师曾经在小品里说过的，大致意思就是人生最痛苦的事就是人活着，钱没了！我想，二者的人生哲学正体现了蓝、红两种保留欲望。

还有一个非常有意思的话题：如果你急需一笔钱，你会向谁借？第一个选择是向身边最富有的人借；第二个选择是向不太富有的，但曾帮助过你的人借。有个富翁曾经说："有两样东西你别跟我借，一个是车，一个是钱。"

听了这句话，你还会做出第一种选择吗？有钱人之所以富有，可能因为他对钱的态度是相当认真且谨慎的，我借不借钱和我有多少钱真的没关系。愿意借给你钱的人，可能看重的是与你的关系，也可能他平时就对钱持比较宽松的态度。有很多东西比钱重要，所以第二种选择里的朋友过上了不是只有钱的人生。

世界上有种情感叫作"长情"，它是一种深沉、持久且不易改变的情感。无论时光如何流逝，境遇如何变迁，长情的人始终如一地守护着最初的感情，仿佛时间在他们的心中停滞了。感情如同一坛老酒，历久弥香，越发厚重与浓烈。

长情的人将心中的爱意或情感寄托在一个特定的人或事物上，不受外界影响。无论遇到什么困难或挫折，他们都会坚守承诺，不改初心，忠于自己的感情，不轻易放弃或改变。这种珍贵而稀有的品质如涓涓细流，虽不轰轰烈烈，却绵延不断，体现了对感情的执着与忠诚。这种情感往往超越了时间和空间的限制，成为人生中最恒久的情感力量。长情是专属于红色保留欲望者的世界，他们心中的不离不弃，凝聚了这个世界的温暖。

谈恋爱的人常说："不合适就算了！吃饭吧唧嘴，如此陋习如何能忍！"职场中的人会说："要不然就算了，任务如此艰巨，何必为难自己？"蓝色保留欲望者性格洒脱，不勉强。红色保留欲望者则会回应："再试一试，都做这么多了，万一下一秒就行了呢？"

Ruby的世界里没有"拒绝"这个词，给多少收多少，它不拒绝多，它担心的是少。红色保留欲望者想要保有一切东西，无论是在家里，还是在办公室里，拥有的东西越多，就意味着抵御外界的能量越强，才有希望打破弱势群体的束缚与对生存的担心。这就能解释为什么有些人对财物这些身外的东西看得如此重。

蓝色保留欲望者非常慷慨，于他们而言，享受物质带给自己的使用收益和快感十分重要。他们不在乎所谓的拥有，拥有和富足对他们的安全感几乎没有影响。不为资产所累，是他们永恒的生命哲学。

3.两种保留欲望各有优势

红色保留欲望者十分节俭，会为用度做储备，小心谨慎地花费。他们非常喜欢积攒一些东西，比如信用卡的积分等。他们会因为飞行里程积分政策而去选择同一家航空公司，也会认真规划自己的积分，兑换里程奖励。电影《末路狂花钱》里就有个片段——用一沓优惠券买了一兜子食物。那一沓券也绝非以常人意志就能轻松积攒的，我猜他会用一个包专门将券收在一起，还研究了使用政策。他们有管理细节的天赋，生活过得非常仔细，珍惜身边的资源，也非常懂得筹谋和计划。

当一个人经常为物质所约束，陷入计算和筹谋的漩涡，他就会缺失对真实、纯粹生活的觉察，又或者失去资产带给自己的真正有价值的生活。"钱若未花，何谈人生？"红色保留欲望者可以时常提醒自己：创造财富，也不忘享受生活、回馈社会，体会真实的人生。

蓝色保留欲望者慷慨，乐于给予，不计较得失，因此能够经营好和朋友、家人的关系。

但过于慷慨或许也是不够珍惜的一种表现。他们可能需要对自己的财富有一个必要且客观的管控，做出一个相对稳定的理财规划，规避用度短缺的风险。

两个人谈恋爱，女孩子指责男生："请我吃饭都舍不得去好一点的馆子，送的礼物都是那种特别不值钱的，我觉得他根本就不爱我。"此刻的你怎么看待这个问题？两个人不是不够相爱，这也许是消费观的差异，或者说保留欲望类型的不同导致的矛盾。

单身人士在找到另一半的过程中，会遇到形形色色的人，然后产生两种态度："我再试试看"和"还是算了吧"。红色保留欲望者倾向于做出再试试看的决定，而蓝色保留欲望者更容易做第二种选择，绝不凑合。

在教育过程中，家长如果发现孩子是个"小财迷"，特别喜欢收集一些小东西，比如同学送的礼物，为想要的东西"处心积虑"，对自己的宝库里的东西如数家珍，那么在给孩子进行未来职业规划时就可以引导其选择那些需要精准管理或者涉及资产掌控的岗位。

在这些岗位上，他们能够更好地发挥自己的优势，尤其在那些能够增加个人收益的领域，他们可能会展现出特别的才能和潜力。

我们之前讨论动机需求层次时，有一个关键词叫作"成就动机"。成就动机包含了两种主要需求：权力与地位。我们有时会发现，当一个人有强烈的占有欲或对财富、资产的欲望时，红色保留欲望往往会对他的成就动机产生积极的推动作用。换句话说，当个体对财产和资产有强烈的占有欲望时，他们在成就动机的驱动下，可能会对掌控事物、指挥众人的能力有更高的期望。成就动机会促使他们更加积极地去构建自己的商业帝国或创业事业，从而为自己创造更大的发展空间和更高的收益，在追求成功的道路上得到更多的肯定。

我们总结了红色保留和蓝色保留的优势和劣势，可能有人仍然觉得：红色保留似乎更胜一筹，对物质的强烈追求和占有欲似乎能带来更多的成就感和物质财富。

然而，为物质所驾驭可能会使人面临一些潜在的风险，这些风险往往会直接影响生活质量。例如，一个人想要把所有东西都带回家，什么都不愿意舍弃。在这种情况下，个人的生活环境可能会变得极为复杂和嘈杂，给他带来极大的心理和情感上的压力。

红色保留欲望者拥有宝藏般的气质。所谓的宝藏是什么呢？就是"蓝胖子的口袋"，无论你需要什么，他都有。然而，这也带来了一些问题。他们拥有的物品种类繁多，但就是因为太多，往往连他们自己都找不到想要的东西。这些物品可能会被淹没在他们的"物质海洋"里，使得生活环境变得凌乱不堪，最终面临管理上的挑战。

当一个人的思绪被过多的物质或无形的东西占据时，欲望驱使下的生活就可能会变得有些超负荷。追求的东西越来越多，所以他不仅要应对实际生活中的繁杂事物，还要应对内心那些永远无法被满足的渴望，失去对生活本质的感知和对简单幸福的体验。

在生活中，理解和实践"断舍离"可以帮助他重新审视自己的需求，放弃不必要的物品和欲望，以获得内心的平静。例如，一个喜欢红色杯子的保留欲望者在家中囤积了大量杯子，但经常被他使用的只有一个，那他就应当思考一下是否应该断舍离了。

那些拥有强烈的保留欲望的人，确实有必要时常审视自己的现状。如果对自己对于物质的在意程度感到满意，并且这种状态让你感到幸福，那么你是非常幸运的。然而，如果你在某些时候感到生活有些沉重和辛苦，那就需要反思和调整了。在这种情况下，学习简化生活可能会带来积极的变化。例如，将生活中的物品减少到只保留那些真正常用的、有用的，比如只在桌面上留一个你最喜欢的杯子。"做减法"不仅能简化你的物质环境，还能净化你的思维，使你能够更直接、更清晰地应对生活中的问题和挑战。

拥有蓝色保留欲望的人需要正视自己内心的倾向，尤其在面对生活中的挑战时，容易放弃的性格可能会阻碍个人的成长。要认识到，生活中的极端欲望，无论是过度的占有欲还是习惯性放弃，都会给我们带来挑战。找到平衡状态——既不过度囤积，也不轻易放弃，这能够帮助我们在生活中发现更多的乐趣和慰藉。

平衡的艺术在于理解得与失的关系。平衡好了，我们不仅能让生活变得更加简单，还能在日常中获得更多的满足感与内心的平静。

小王子遇见了商人，发现商人每天都在不停地数星星，并认为这些星星都是他的财产。商人解释说，星星的拥有者可以把它们"放进银行"，小王子对此表示不解，因为他认为拥有星星却不能真正利用它们就是没有意义的。当然，银行存单上的数字意味着我拥有，虽然我不用，但它属于我。

　　红色自由欲望者追求独立自主，他们不想被人干涉太多；蓝色自由欲望者追求团队协作，有商有量是理想状态。

1.自由的热气球

一只热气球在天空中自由翱翔，除了加热、冷却或控制空气的存量，你恐怕只能交给"风"来决定今天的旅程了。自由的热气球，就是我们接下来的主题。

在动物的世界中，老虎和狮子拥有非常强的领地意识，猛烈厮杀也是常有之事。老虎是典型的独居动物，为了获取充足的食物和进行繁衍，它们会通过气味或标号（如尿液、划痕和粪便）来界定自己的地盘，并且会定期巡逻，以确保没有入侵者。如果另一只老虎试图进入，挑战现有的领主，二者通常会进行激烈的斗争，胜利者会保留或夺取领地，而失败者会被驱逐或在战斗中受伤而亡。在面对其他入侵者时，它们通常会视其威胁程度、资源竞争性以及它们自身的生存需求而有所区别对待。对其他大型食肉动物，它们会保持警戒，尤其是那些可能对其造成威胁的物种。老虎会观察对方的行为，再决定是驱逐还是攻击。对于那些对资源有威胁的物种，如大型食草动物，老虎会选择直接驱逐。对于体型较小、不构成威胁或不与其直接竞争的动物，比如小型哺乳动物或小鸟，老虎可能会选择无视或容忍，不会费力去驱逐或捕捉它们，除非它们是猎物。

这些正涉及"自由"主题下的领地意识以及反抗精神：为保证自己的

领地的绝对独立和完整，对同类零容忍，无条件驱逐，做必要的反抗。

这种情况在生活中比比皆是。比如说，某天早上，孩子不再喜欢你为他准备好的衣服，而是选择了衣橱里的另一个颜色和款式；某一天的手工活动，你像以往一样为他兴高采烈地做示范，建议他折一只兔子，他却偏偏要做恐龙；稍大一些的孩子会在自己的房门上面贴自己的名牌或规则告示，如"进入请敲门""非请勿入"等。为什么会这样？孩子和我不亲近了吗？非也，这是因为孩子已经有了空间领地意识，所有这些行为都是孩子在表达对自我空间的保护。

孩子再大些，你会发现他更愿意去做有身份特征的事，比如有驾照后，哪怕是买一辆二手车，他们也不愿再开父母的车子。孩子大学毕业后，即便是只在实习阶段，羽翼尚未丰满，他也可能想要搬离父母的家，哪怕租房条件简陋，他也想要自己的生活。如果发现孩子有这些特质，在和孩子商讨职业规划时，就可以建议孩子寻求一些独立性强的岗位，那些一堆人在一起做事情的工作，他恐怕难以胜任。

想要一顶帽子，你可以选择工业化制作的，比如说流水线上生产的帽子。一顶帽子从设计到选材涉及确定样式，用什么材料，如何裁剪，布片怎么拼接。缝纫的过程包括对线头的处理。谁去做质检？如何去做定型？会不会脱色？……所有这些工作，在流水线的工作进程中会被分解。完整的过程至少涉及10个环节的相互配合，每个环节都依赖前一个环节的顺利完成。

想要一顶帽子，你还可以去找独立工作室定制。从设计量尺、布料选择到装饰花色，设计师要懂得客户的需求，了解客户面部、头型的优势和劣势，以及日常装扮，把客户的所有想法集中在这一顶帽子上。高级定制从始至终都由设计师一个人来完成。

两种选择，如何定夺？我们可以从工作流程来看，也可以从对人的要求来看。

在高级定制工作室，从开始设计、选材，到制作完成，交到客户手中，都是一个人来做，这保证了产品的良好品质，完美体现了独具一格的设计师精神，是工作室作品的绝对优势。但是，这种模式对匠人能力的全面性要求极高，一个人对所有步骤都要有完美的操控能力，制作效率又因精益求精而面临挑战。简单来说，全能型选手不易做。而且一段时间只能制作一件作品，弊端清晰可见：只允许小而精地存在，所以规模化受限，收益有限。

一顶帽子在流水线上至少经十几人之手，每个环节彼此独立，不可跨越，且相互衔接才能完成。人员能力被简化，经过简单的培训便可上岗。优势体现在分工协作效率高，产业规模和效益非常可观。虽然从产品工艺来讲，生产线的产品逊色于手工产品，但胜在规模化，这就意味着收益的翻倍。流水线依赖每个部分精微的配合，每个岗位价值相当，无须个性，无须创新。

每隔四年就有一届全球狂欢，这就是奥运会。奥运会比赛包括32个大项、50个分项和329个具体比赛项。其中70%到75%的项目为单人赛，25%到30%的项目为团体赛，团队项目的核心是团队合作，所有成员必须协同工作，以共同达成目标。成员之间的配合、沟通和协调至关重要。每个队员的表现都会直接影响整个团队的成绩，考验的是策略的整体性，荣誉也不属于一个人。一支足球队由11人组成，包括4名后卫、两三名中场、两三名前锋。后卫负责防守；中场负责连接防守和进攻；前锋是主要进攻力量，负责突破对方的防线。绿茵场上的每一个人都有着清晰的目标与权责。后卫可以通过定位球和点球得分，中卫可以通过远射得分，共同的目标是把球送进对方的球门。

有没有发现它和流水线很像？尽管足球运动与流水线工作在形式上存

在很大差异，但在团队合作、角色分工、明确目标、动态调整、效率协调和结果导向等方面有许多相似之处。想要成功，都依赖明确的目标、有效的合作和持续的调整优化。

自由的热气球、完整的老虎领地、高级定制工作室的帽子，都经历了红色自由欲望的洗礼，变得耀眼。红色自由欲望者追求独立自主，他们不想要被人干涉太多。奥运会中的个人项目，能够成就超级英雄。

绿茵场上的配合、众人打磨的流水线，都经历了蓝色自由欲望的加持，能量巨大。蓝色自由欲望者追求团队协作，有商有量是理想状态，不可孤军奋战。

曾经有一个来访者的妈妈在培训行业有多年的经验。受妈妈影响，孩子也对教育产生了浓厚的兴趣。孩子留学归国后，妈妈做出了一个非常聪明的决策——在同一栋办公楼的不同楼层为孩子设立了教育工作室，虽是同行，但互不干涉。聪明之处在于，不同楼层创造了物理上的独立空间，保证了孩子的独立性。这样，孩子不仅有了按照自己的方式开展教育工作的自由，还能够平稳地发展自己的业务。

即使是在这样的一种情况下，我仍然听到了一些抱怨。比如，有一天妈妈跟我讲："李老师，你看我怎么就好心做了坏事呢？他今天要去办一个证照，我就跟他讲，你周五的时候拿着公司的材料去找王阿姨，按她说的办就好，我都跟阿姨打好招呼了。"话音落定，儿子反而炸裂地说："这件事明明我自己可以做，你为什么要插手？"所以妈妈非常委屈，自己是好心，为什么儿子反应这么大？这就是个体对于自由的不同欲望需求给亲子关系制造的冲突。

就像我们刚刚说的，很多比较崇尚独立的个体会更希望自己有独立的空间，做自己想做的或者计划中的工作，而非必须在他人的协作、帮助下才能完成的工作。一个人本来享有自由，处在"我想做什么就做什么"的自在状态，有一天却不得已接受了他人的帮助。后来那人来找他帮忙，他本来就没空，也完全不认同那件事，但是因为那人曾经帮过他，从道义上他不该拒绝。他该怎样做？他会有情绪吗？一个拥有自由意志的人，独立于任何人的意愿，在"被逼无奈"的情况下，去做不愿意做的事情，就像吃了只苍蝇，又吐不出来，滋味如何？

凡事都靠自己的人，在生活中并不少见。就像我们经常看的美国大片，里面一个著名角色就是超人，超人飞遍世界的各个角落，几乎没有什么难题是他处理不了的。再比如高级定制工作室里面的独立设计师，也是十八般武艺样样精通，才能胜任这份工作。他们身上很明显的一个特征是没有团队，他们也不需要团队，因为所有的事情都可以自己搞定。

我们也把红色自由欲望者称为超级英雄，超级英雄富有个人魅力，他们独立且强大。拥有这样优秀的个性气质，他们的成长机会又在哪里呢？试想一下，如果一个人什么事都应付得来，在他的世界里面还需要其他人的存在吗？他可能真的不需要！但他会给人一种边界太过分明的距离感，造成人与人之间的生疏。

反之，蓝色自由欲望群体非常懂得去寻求他人的支持和帮助，从而爆发某种强大的协作力。"结果是我想要的，也是你想要的。"轻松达到一个完美的双赢局面，在为共同目标奋斗的过程中进行沟通和倾听，拉近了人与人之间的距离，建立了强大的人际纽带。在现代社会活动中，这也被称为团队意识。蓝色自由欲望群体能够巧妙分解目标，将我的任务转变成大家的任务。在执行层面，由一个人做变成了一群人做，真可谓轻松了不少！独乐乐不如众乐乐，何必单打独斗呢！

绿茵场上共同的目标是那只球，流水线上共同的目标是那顶帽子。协作是成功的重点，但成功的协作还有一个前提，那就是彼此信任。后卫可以选择把球传给到前锋，也可以选择自己射门。如果后卫觉得给到前锋很麻烦，有被别人断球的风险，前锋还可能接不住，那他就很有可能单枪匹马地自己射门。

2.身兼数职还是分工合作

小企业主通常身兼数职，从产品的设计、技术、服务的核心创造者，到市场、运营、服务交付，还有行政、出纳、财务等工作，正可谓多重身份，多元需求。在这个位子上自得其乐的人，大部分是相信自己的人，无论是否有过经验积淀，他们都不会因为外界的困难和挑战去寻求他人的支持。他们坚信问题总是会有办法解决的，"我一定可以"。不惧工作的庞杂、主持全部事务的人首先是相信自己甚至只相信自己的，他们通常对自我的能量有着清晰的认知，偶尔涉及需要他人协作的工作，也会比较不安或不放心，而这种担心会让协作者产生不被信任的不良情绪。久而久之，身边的人会越来越少，圈子也会变得更加简单。没有人帮助，对拥有红色自由欲望的人来说理应如此，并乐在其中。

拥有红色自由欲望的小企业主或高级定制工作室的设计师，他们高度依赖自己，有时会被人误解为距离感，以自我为主导去完成一件事情，以目标为导向，拥有独立自主和自力更生的欲望。老虎和狮子想要尽可能地保有自己的独立性，不喜欢入侵者。他人会干扰自己行为的纯粹性，所以他们不喜欢欠人情，要的只是"我的地盘我做主"。

拥有蓝色自由欲望的足球运动员注重团队协作，乐于给予他人帮助，也乐于接受他人的协助。蓝色自由欲望者不喜欢独自面对，喜欢有商有量，很难接受小企业主这样的挑战角色，会因担心没有足够大的协作力量而失去工作的动力。因此蓝色自由欲望者更有潜质在大型企业中就职，因为里面有更为健全的岗位划分与职责要求，通俗来讲就是小公司资源匮乏，人力成本受限，凡事只能自己来，而大公司资金充裕，岗位设置丰富，拥有集体作战的基础。蓝色自由欲望群体在与人协作的过程中具有非常强的包容气质。在上下游配合的工作状态中，他们非常乐于给予他人一些空间，即便等待于己而言是一种消耗或付出，他也可能会说："没办法，我得等等他。"

所以，蓝色自由欲望者更倾向于在职责非常清晰的岗位上工作，也乐于且希望在完成工作的过程中获得他人的协作和支持。在这种个性的驱使下，这类人通常具有很强的团队意识，并且非常重视每个个体在工作中的付出。随之而来的，是他们对共识的强烈导向。也就是说，即使团队中协助他的人持有不同的看法和见解，他仍能够积极地进行协调和处理。因此，他们与他人之间会产生强烈的亲密感，社交圈往往非常宽，总是有不同的人陪伴在身边。从某种程度来说，这种人格特质强调了共同行为和共同决策的导向性。

自由欲望的两种趋向差异显著，却也验证了动机需求并无好坏之分。两种人格气质的优势、劣势又从何体现呢？

拥有红色自由欲望的人会让你觉得他非常能干，就像超级英雄一样，仿佛能够拯救世界，全部的困难和挑战对他而言都不是问题。他们很独立，不需要别人帮助也能完成一些事情，行为给人酷酷的感觉，因为他有很强的能量和内在。值得注意的是，在面对重要目标和人生重大课题时，因为习惯了一个人去应对工作和挑战，所以他们容易忽略他人能够给予的支持和资源。

红色自由欲望群体具备极强的能力和能量，并且拥有强烈的独立意识和自我意识，不依赖他人的协作，能够独立地将工作尽可能完整地呈现。与此同时，这种个性面临的挑战是在与他人协作时，容易忽略他人在共同目标下的决策意愿，也就是说，他们可能忘了自己与他人拥有相同的目标，在处理人际关系时会留有隐患。此外，他们往往承担了过多的工作和目标，而难以将其合理分解，最终可能导致自己付出过多，承受过大的压力。

蓝色自由欲望者往往更擅长利用身边的资源。他们善于联合那些可以为自己提供支持和帮助的角色，从而让自己的目标更容易实现。他们倾向于团队协作，将复杂的任务分解成多个小而具体的任务，然后逐步完成这些任务。然而，他们可能过于依赖他人的支持，导致在需要独立完成一项完整任务时压力过大。这种依赖性可能使他们感到孤独无援，胜利无望。他们非常在乎团队的共识，所以在面对强势能量时，会表现出一种妥协。

不同自由欲望需求在生活中的表现和影响是多方面的。如同前面所言，红色的自由欲望需求更倾向于选择独立性体育项目或运动，比如高尔夫、体操、游泳等。这些运动通常强调个人成就和独立性。拥有蓝色自由欲望需求的人则更容易在团队中找到内心的平和与愉悦。他们更适合参与篮球、排球、足球等需要团队协作的运动项目，并从中获得乐趣。

在亲密关系中，对自由的需求通常被视为一个影响重大的积极要素。对拥有蓝色自由需求的个体来说，他们在经营伴侣关系、亲密关系和家庭关系时往往会表现得更积极，并且能够发挥更好的助推作用。如何解释这种积极的作用呢？寻求协作带来的亲近感会让关系中的多方都拥有良好感受，换句话说，有蓝色自由需求的人更加愿意接纳他人，形成有来有往、互相帮助的开放状态，有助于增强人际关系的亲密性和互动性。

在择偶过程中，蓝色自由欲望者因为有共识导向，所以在沟通的过程中是非常积极的。他们擅长分享，同时关注细节，他们很期待一起做事，所以看上去会比较黏人，这些都是在关系建立初期非常积极的影响因素。相反，红色自由欲望者在恋爱过程中，会习惯性地将焦点放在"我要做的事情"上，这种缺乏共识性的习惯会引起伴侣的误解，让伴侣感到缺乏关注和尊重。有的人天生就是亲密战友，有的人天生就是我行我素，认真觉察、彼此尊重是良好关系的前提。

红色自由欲望者需要让关系中的他人看到"我"对空间的要求。一个有红色自由需求的孩子会把自己的行为方向（做什么）告知家长，但是学习计划、时间计划等细节恐怕就不会向家长交代了，这也引发了很多亲子关系的矛盾。

当家长有蓝色自由需求时，他们可能更加愿意把成年的子女拉到自己身边，不允许子女搬离视线范围或脱离自己的羽翼保护。可子女都长大了，父母还能够保护子女吗？绝对的保护无从谈起，控制子女却可能是真的。我的来访者曾被年长的父母要挟："如果你搬家，我们就死给你看！"我们不能否认父母对子女的依赖，也不能将其曲解为陪在身边等于爱。

客观地识别个体对自由的不同需求是一个势在必行的课题。在工作领域，不同的自由需求对应不同的职业机会。对刚刚步入职场的大学生或年轻人来说，拥有红色自由欲望的人可能会面临更多挑战。他们过于崇尚个人价值和独立空间，希望自己像超级英雄一样受到关注，拥有可控的自主机会，但在职业生涯初期，这些都不太容易实现。因此，他们可能会遇到更多的挫折。

相比之下，有蓝色自由需求的年轻人可能更容易在团队中积累经验，从而获得更多的支持与协助。这种个性特质使他们在团队中能够更好地应对挑战，并为将来的发展奠定基础。因此，有蓝色自由需求的个体在职业生涯初期通常能更好地适应和成长。

　　动机需求中的社交欲望，在动物界中它具体表现为同伴关系，而在人类社会中则专指希望与人相处的欲望。

1.会有人不喜欢人吗

大象是典型的群居动物。当一头大象看到一个久未谋面的象群的时候，它会兴奋地呼扇着自己的大耳朵，发出愉悦的嘶鸣声，同时以飞快的速度奔向象群。接触象群成员时，它会用长鼻子和对方的鼻子进行摩擦，来表达自己愉快的情绪。再仔细观察，一个象群在前进的过程中突然间放慢了脚步，你一定要相信它们是遇到了特别的事情。比如说一头大象因为脚部受伤，没办法像之前一样前进，整个象群就会照顾这头受伤的大象，放缓前进速度。如果一头受伤的大象一不小心真的掉队了，那也不用担心，因为象群会派出"专人"去照顾这头掉队的大象，协助它觅食，安全守护它，从而保证它的存活。象群的行为代表了自然界中很多群居物种的本能表现。

可能有的朋友就会问："我曾经在一棵大树上看到过很多只松鼠在追逐打闹。它们不是独居动物吗？"是的，松鼠是独居动物，但在某些特定的时刻会做出群居行为，尤其是有繁衍需求或有交配欲望的时候。之后大部分时间，它们都生活在自己的领地中。据观察研究，一只松鼠的领地范围大概有1公顷，合1万平方米。所以说，如果你不小心让两只独居动物待在一个地盘上，那就一定会发生撕咬等冲突事件。

与同伴的近距离的关系就是接下来我们要讨论的主题——社交欲望。在动物界中，它表现为同伴关系；在人类社会中，则专指与人相处的欲望。常常有人问："社交欲望表达了个体在环境中对人的期待，那么在生活中会有人不喜欢人吗？"接下来就让我们带着这个问题进行探索吧！

某天我去出席一个会议，在落座的那一刻，听到旁边有两位女士在愉快地聊天。然后我隐隐约约听到关于老公、孩子之类的话题，暗自想："有同伴就是有得聊！"休息间隙，我向邻座礼节性地打了个招呼，说"你们结伴来参加活动可真好"，她们居然回应道："没有呀，我们也是刚认识的，只是比你早到了一会儿而已。"太厉害了，见面几分钟就聊得这么火热，家底都抖出来了，这是天生的自来熟啊！有这样一群人，他们在生活中保持着象群般的热情，无时无刻都期待有人相伴左右，这就体现出了红色社交欲望。

城市的不同角落，生活着形形色色的人。元旦的街道，节日气氛已经弥漫开来。街道上装饰着五彩斑斓的灯饰，商店里摆满了节日的礼品，整个城市都沉浸在节日的欢庆中。李力是一名IT工程师，一直以来寡言少语，不太喜欢在公共场合出现。新年来了，他选择了在家里度过这个假期。他准备了一份简单的早餐，坐在窗边的沙发上，喝着热巧克力，看着窗外的雪花飘落。他享受这种宁静的时光，没有人打扰他，他也不需要应对复杂的社交场合。家里有刚出炉的肉桂蛋糕，墙角还有一堆未拆封的书等待着开启。他偶尔会接到几通来自朋友和同事的节日祝福。礼貌地回应后，继续待在自己的窝里，享受这份属于自己的平静和舒适。对他来说，新年的真正意义就是专属于自己的时间。

张玫生活在城市的另一端，她是一位活动策划师，新年庆祝自然不可错过，先从一场盛大的跨年派对开始，她精心布置了现场，准备了美食，用心挑选了礼物和劲爆的音乐。她在派对上忙前忙后，组织各种游戏，确保每一个人都玩得尽兴。她在派对上游刃有余，享受着与人畅谈的乐趣，不放弃每一个点燃气氛的时机。在接下来的假期时间，张玫还和同学搞了越野一日游，和朋友一起参加了影评会。她觉得，这种与大家在一起的日子太爽了。

以张玫为代表的一群人拥有一个超强本领，那就是语言天赋。无论是新朋友还是老朋友，无论是工作中的伙伴，还是生活中没有任何交集的过客，他们都能够与之快速建立起紧密的联系。我们把这种在生活中对他人有比较强烈的期待的人称为红色社交欲望者。有红色社交需求的人特别健谈，也非常愿意去跟其他人产生情绪和情感上的交集，让人感觉非常热情。同时，你会发现他们非常幽默，随随便便几句话就能让大家开怀大笑或者兴奋得不行。

你在午餐时随口问起同事的周末安排，她可能会给你列一连串项目：从同学、闺蜜的聚会，到和孩子的朋友的家长，甚至是某个前同事的会面……听完这些，你不禁感叹道："你简直是个活动家！"对一个活动家而言，他的生活将以一种可预见的状态呈现：无法忍受独处，需要和人产生交集，与人打交道才是快乐的根本。

一家商场的核心区域通常设有一个客户服务台，而作为这家商场的客户经理，他的职责就是站在那里，为有需求的客户提供专业的指导、必要的帮助。无论是小孩、老人，还是新客、常客、VIP，他都乐于与这些人打交道，积极地为他们解决问题。他的工作使命就是以问题为纽带，与客户建立连接，提升商场的服务质量和客户满意度。试想，什么人能做好这份工作？我想，张玫不仅可以做一个活动策划师，她更能胜任这份需要与人高频互动的工作。当一个人对连接他人有着很高的期待，并且能够在与他人连接的过程中得到极大的满足时，他才会享受这份工作。

在小朋友的世界里，总会有一个相对不起眼的腼腆的小伙伴，他可能更喜欢在一旁静静看着别人玩，从中获得旁观者的乐趣。如果有选择的话，他更愿意早点回家，而不是在楼下和其他小朋友一起疯玩到天黑，等着被父母"抓回家"。

另一种人，你午餐时间问他周末怎么安排，他可能会挠挠头，小声地说："没啥安排，就在家吧！"这类人在安排闲暇时间时，往往会选择宅在家里。他们会花一整天，甚至整个周末的时间，沉浸在自己喜欢的事情中。无论是做饭、泡茶，还是看一部电影、读一本书，他们都能从独处的时光中找到乐趣。这种对独处时光的追求，反映出他们对环境中的他人的需求并不那么迫切。比起与一群人狂欢，他们认为独自享受宁静更能带来内心的满足。

相较于红色社交欲望者，蓝色社交欲望者更喜欢属于自己的小圈子、小空间或时间。他们愿意在广阔的丛林中独自行走，也愿意在自己的房间里独处。蓝色社交欲望者仿佛更享受语言退化般的沉寂。

也许你会问他："你有最好的朋友吗？你上次和你最好的朋友见面是什么时候？"他可能会说："你让我想想……应该是去年6月，我们见过一次，然后去吃了个饭。"你可能会吃惊地说："什么？你确定他是你最好的朋友吗？一年半载才见一次面？"他说："对啊！怎么了？有什么问题吗？"

"是朋友就一定要经常见面吗？我和朋友可以正常聊天，我可以在朋友有需要的时候帮助他，所以真没必要天天待在一起。"这种想法也是常见的。这种"离群索居"的状态就像那只活动在1公顷土地上的小松鼠，它的空间可以很大，也可以很小。大，说的是地域；小，说的是自己。这类人擅长独处，不需要太多同伴的帮衬或陪伴，朋友圈子在他们的细心经营中持续"瘦身"。"朋友那么多有什么用？真正的朋友又有几个？"这是他们的心声。蓝色社交欲望者在选择朋友这条路上，主打的就是"朋友在精而不在多"。

对一起共事5年的老同事的婚姻状况一问三不知，他可能会回应道："我不爱打听，和他从来没聊过这个话题。"这种情况经常出现在蓝色社交欲望者身上。你可能会觉得他这是在保护别人的隐私，但是事实上他们根本没有这种意图，说得更为直白一些就是"我来和你说事，事说完了就完了"。什么结婚呀，孩子呀，与我们现在要处理的事情完全无关，我们为什么要花时间去讨论完全无关的事情呢？所以，你会觉得他们不喜闲谈或比较正经。

《庆余年》第一部里，有个戏份相当少，但令我至今记忆深刻的角色。这个角色就是二皇子的生母淑贵妃，她是一位不问世事，只安心"读书"的妃嫔，虽居深宫之中，却常有书籍在侧，寝殿没有奇珍异宝，取而代之的是各种孤本绝迹。一排排硕大的书柜像档案馆，却不是档案馆，因为档案里的内容你未必全然知晓，但淑贵妃对她的书却如数家珍，对每一本书都到了痴迷的程度，被人戏称为"书贵妃"和"书柜妃"。

让我看得津津有味，至今回想起来仍会嘴角上扬的桥段，就是长期寄养在外、终于回京的男主范闲要去宫里给娘娘们请安。和淑贵妃彼此寒暄后，二人相对而坐，沉默地对视。没有台词的这一小段，淑贵妃的内心戏却相当丰富，潜台词是："你还有事吗？没事就赶紧走吧。"这一出，倒给范闲整不会了，他尴尬极了，但内心估计也像我一样惊喜，觉得这个人也太有趣了吧。书是她心灵的寄托和思考的源泉。无论是宫廷中的琐事还是外界的纷争，似乎都无法打扰沉浸在书海中的宁静的她。

这实际上反映了生活中普遍存在的一种现象：在人际交往以及语言沟通的情境中，许多人会感到不自在、不耐烦，或缺乏参与意愿。它折射出每个人对社交活动的期待程度是不同的。通过自然界中群居动物与独居动物的鲜明对比，我们可以类比地审视现实社会中人类的社交模式。人们基于自身对伙伴关系的渴求与对独处空间的向往，展现出截然不同的社交偏好。这种偏好深刻影响着人们的情感体验，构成了社交需求层面的显著区别。

2.社交领域中的多元化需求

接下来，让我们将焦点更加精准地投射在"红色社交欲望"与"蓝色社交欲望"这两个关键词上，深入探讨这两种不同的社交倾向的本质与影响，以便更好地理解人们在社交领域中的多元化需求。

一个喜欢群体性活动的人，他的身上有一个闪光点，那就是非凡的语言技巧和交流天赋。他在面对不同的群体时，可以切换到不同的语言模式。"见什么人说什么话"，这在红色社交欲望群体中表现得尤为突出。当个体拥有非凡的语言天赋的时候，他能够打破任何障碍和约束，去和他想要建立关系的人产生交集。他们能够把特别枯燥乏味的东西去用一个非常鲜活的语言模型表达出来。因为有他人的相伴，他们的这种特质会凸显出来。喜欢社交、擅长维护圈子的人，他们的生活会充满丰富多彩的事物，也会有多重关系的呈现。

如何去理解多重关系？像我们前面所言，一个人可以在各种环境和场合中去结识不同背景的朋友，那就意味着他可能会在极短的时间里切换语言模式和背景信息，以迎合新朋友的心理、性格，关系才有可能进一步升温。在这个过程中，"我"拥有了多重身份和属性，"我"的"适配度"将变得极高，可能上一秒还是个越野达人，下一秒就能聊《黑神话：悟空》。

我们也经常用"社交蝴蝶"来形容这类人，社交蝴蝶型的人的一个特征就是拥有数量庞大的"朋友"群体。在这里，"朋友"的概念与通常意义上的有所不同，对有些人而言，朋友应该有其具体而深刻的内涵，但对一个红色社交欲望者来说，今天相谈甚欢，明天就可以称兄道弟。

开心的时候，我会很期待或者说很自然地去和今天刚认识的你建立关系，我会把你当成我的好朋友，我要与你共享欢愉。处于困境时，我理所当然地找人帮忙，我会满怀期待或自然而然地向今天刚认识的你寻求帮助。在我心中，你已然成为我所珍视的朋友，这种似曾相识的感觉简直是上辈子的缘分。我衷心期盼与你共同铭记那些独一无二的瞬间，同甘共苦。

不可否认的是，有这种天生自带的热度，哪怕碰到的是一块冰，也能迅速将它融化。这种人会给他人特别亲近的感觉，所以也常被形容成一个好说话的人、有人情味的人。他们通常持开放心态，在他人需要时会表现出耐心倾听、热情开导的一面，给人提供非常积极的情绪价值。红色社交欲望者被人认为脾气好、好相处，也与他们"独乐乐不如众乐乐"的生活哲学有关。譬如在家举办轻松热闹的派对，或者受邀去朋友家做客，对红色社交欲望者来说，这些都是与朋友紧密相连的好机会。

在他们的世界里，社交不仅仅是活动，更是生活不可或缺的一部分。若是在某个日子里少了他人的陪伴，或是错过了派对的时间，他们便会不由自主地感到生活似乎缺失了色彩，让心灵得到滋养与共鸣的源泉也枯竭了。这种感受，正是他们深度依赖与热爱社交生活的真实写照。

红色社交欲望者有特别强烈的阐述意愿，并且乐在其中，他们的嘴巴一刻不停。而与之相反的人就会惜字如金，表现出一种简洁明快的语言风格，使用最基本的语言，进行较为直接的交流。如果可以自由选择，他们便会习惯性地拒绝别人的派对邀请。

语言的匮乏状态，在特定情境中，比如相亲的场合，表现得尤为突出，他们时常会因不知如何与陌生人破冰，生动有趣地介绍自己，而陷入冷场或尴尬的境地。实际上，有效表达的关键在于将语言作为桥梁，使自己的工作和兴趣爱好听起来鲜活有趣，而不是一定要喋喋不休才行。然而，对蓝色社交欲望者来说，他们可能并不擅长用语言来表达自己，他们喜欢通过非语言的方式，如眼神、肢体动作或是共同参与活动，来建立连接，以此展现自己的个性与魅力。因此，在社交互动时，他们可能更注重营造一种轻松自然的氛围，于无声中让对方感受到自己的真诚与热情。

不喜言谈，就会显得有点"冷"，但这种个性气质有什么优势呢？首先，他们不爱闲谈。他们只会说有用的事，能够聚焦于话题，有一说一。他们认为所有的行为和语言都应该有主题，对主题内的事情应该以尽可能简单的方式去沟通。正所谓"酒逢知己千杯少，话不投机半句多"。这是一种碰撞出默契，视知己珍贵且难得的人生态度。所以酒，不是人人都能喝，没有人，不喝也罢。

若要探讨蓝色社交欲望者的性格优势，那就是基于强大的独处能力而培养出的独自面对生活和问题的思考力。

我们不难发现，蓝色社交欲望者会认为有三五知己便足够，无须广交天下。在他们看来，过多的社交活动反而可能侵占他们处理个人事务和合理分配时间的空间。

如今，人们习惯于在微信朋友圈、微博或是其他社交平台上分享生活的点滴与经验。然而，对拥有蓝色社交欲望的人而言，他们并不热衷于这种展示方式。他们认为，自己所做的事情无须广而告之。比如，有时朋友会好奇地问我："李老师，您还做心理工作吗？"我答："怎么会问这个问题？这是我热爱的事业，还需要确认吗？""因为我看您很少发朋友圈，所以以为您不做了呢。"确实如此，但这正是我的行事风格。"晒"这一概念几乎不存在于蓝色社交欲望者的思维框架，他们的生活重心在追求个人目标与兴趣上，或在高效处理手头的事务上。他们对已经建立的人际连接往往保持一定的距离，不会依赖或热衷于社交网络的维系。相反，那些能够自如使用社交网络的人，往往展现出更为积极、外向的红色社交需求特征。

在社交媒体中表现不积极，甚至可能不常查看手机或及时回复消息的人，在内心深处对人际关系的亲密度有着独特的理解，他们更倾向于保持一种"廉洁"的社交状态，所以往往表现出一种较为冷漠的气质。这种态度并非针对个别人，而仅仅是这个人不太倾向于频繁地与他人保持紧密的联结。因此，在与蓝色社交欲望者相处时，若遇到对方未能及时回复消息的情况，我们应给予充分的理解与宽容，意识到这更多的是他们的个性使然，而非对我们表达不满或忽视我们。

蓝色社交欲望者通常具备强大的独立能力，擅长独自面对问题与挑战，享受独处带来的空间感与距离感。这种天赋使得他们在需要静心思考、专注于个人事务时能够游刃有余，同时为周围的人提供了一种独特的相处模式——尊重彼此的差异，理解并接受不同的社交习惯。

3.在群体里狂舞还是在独处中感受

我们常常形容红色社交欲望者为"社交蝴蝶"，他们能言善道，特别能以语言作媒介，与他人建立情感连接，是有温度的、让人觉得特别好相处的人。

拥有红色社交需求的人，更多的是在寻求群体里的享乐和狂舞的状态。也正因为如此，他们常常深陷干扰之中，太过频繁的社交活动给他们带来的是快节奏。但随之而来的是朋友圈的扩大，当工作和生活给我们带来巨大压力时，红色社交欲望者会对我们产生强大的积极影响，让我们的情绪得以发泄和平复，"话疗"就变成了一种伟大的存在，没有任何副作用。

确实，这种社交倾向优势与挑战并存。红色社交欲望者倾向于迅速将新认识的人视为朋友，并期待立即获得对方的帮助或支持。然而，这种"自来熟"有时会引起误解，让新认识的人感到困惑甚至被冒犯，因为新认识的人可能还没有准备好将关系提升到朋友的层面。更细致、真实地把握圈子的状态，明确界定朋友，避免因过度热情而给他人带来不适，是红色社交欲望者需要好好做的功课。

同时，他们的亲和力可能会让人误以为他们愿意并且能够无条件地帮助他人，导致建立了一些不够纯粹或深入的友情关系，提高了付出成本，甚至多了一些不必要的负担。

相比之下，蓝色社交欲望者的优势在于他们擅长独处，能够在与自我相处的过程中进行反思、得到成长。但在快节奏的社会环境中，轻而易举地找个人聊一聊，快速得到他人的支持与协助，对他们来说就是一种苛求。蓝色社交欲望者能在独处中保持冷静与专注，依靠自己的力量解决问题，这种能力是强大自我成长空间的所在。他们懂得如何在排除外界干扰的情况下深入思考问题，提升自我，从而在必要时以更加成熟和稳重的姿态面对挑战。

蓝色社交欲望者的另一个显著的优势在于拥有高质量的朋友关系。这些关系通常基于深厚的信任与默契，即使长时间不见面，朋友也能在关键时刻给予他们全力支持。这种高质量的朋友关系不仅体现了他们选择朋友的眼光和思维深度，也反映了他们在人际交往中的真诚与投入。同时，蓝色社交欲望者往往能够拥有更多的自我支配的时间，专注于自己的兴趣和发展，而不被过多的社交场合和表面关系束缚。

蓝色社交欲望者可能不太擅长或不喜欢频繁的人际沟通，这可能会给他人留下冷漠、不易接近或沉默寡言的印象。沟通能力的不足可能导致其在建立新关系或与陌生人打交道时遇到困难，缺乏积极的语言交流和内在的表达欲望可能会阻碍关系的建立和深入发展。

因此，对蓝色社交欲望者来说，重新自我审视并提升沟通能力是一个重要的课题。他们可以通过学习沟通技巧、增强自信、主动表达自己的想法和感受等方式来改善与他人的关系。同时，保持真诚和耐心也是建立良好关系的关键。通过不断地努力和实践，蓝色社交欲望者可以在保持独立和深度的同时，在社交领域中获得更多的满足和成就。

从某种程度来讲，社交欲望是生活中关系状态的一个映射，包括我们在亲密关系中与伴侣相处的模式，在工作场合中与同事及领导相处的状态，与年迈父母和未成年子女相处的状态。

红色社交欲望者倾向于通过融入群体、参与社交活动来获取满足感和动力。他们享受与人交往的乐趣，喜欢通过分享和交流来增强彼此的联系。这种积极的社交态度有助于他们对生活保持活力和热情，但也可能让他们在感到孤独或独处时产生不适。相比之下，蓝色社交欲望者更注重小圈子的质量而非数量，更愿意与少数几个值得深交的朋友保持紧密联系。"离群索居"的状态虽然会给人距离感，但对蓝色社交欲望者来说，这正是他们内心需求的一种体现。

然而，在当今快速发展的社会中，无论是红色还是蓝色社交欲望者，都可能面临一些挑战。对红色社交欲望者来说，如何找到可以倾诉真心的朋友就是一个需要深入研究的课题。快节奏的社会和人与人之间的疏离感让他们觉得很难找到真正的知己。而对蓝色社交欲望者来说，虽然他们可能不太需要频繁地连接，但在某些时候，必须与他人建立联系才能达成工作目标或其他目标。

因此，无论社交欲望如何，我们都需要学会在社交与独处之间找到平衡。我们可以根据自己的需求选择合适的社交方式，既不过度依赖社交活动，也不过度封闭自己。同时，我们可以通过提升自己的社交能力和沟通技巧，来更好地与他人建立联系和互动。在这个过程中，我们可能会发现，真正的朋友并不需要太多，只要有几个能够理解和支持我们的人就足够了。

在这两个项目的阐释过程中，我们首先看到的是作为人的因素存在。而社交欲望需求本身，它是指对人的期待程度和与人相处的欲望，它是直接关乎到人的，也就是说在可以自由选择的前提下，我是期待身边有人，还是说我期待独自一个人去做一些事情。在自由欲望需求中，我们要知道，它是在一个目标驱使之下，我倾向于一个人去完成一件事，还是说一堆人完成一件事，这是截然不同的。我们可以把自由欲望需求更多地放置在工作层面，于工作中，在有目标有指向性的这一前提下，如何开展与他人的关系。

红色鲜明地展现了对人际陪伴的深切渴望；蓝色的内核则是对独处的珍视与追求，它呼唤着把时间留给自己，以滋养内在世界。在此，有必要稍作澄清，因为社交欲望与自由欲望常因表象相似而产生混淆。

深入剖析这两个概念，我们首要关注的是作为个体的人类的情感与需求的复杂性。社交欲望本身是指对人的期待程度，它关乎人与人之间温暖的联系。在自由选择的广阔天地中，这一欲望促使我们思考：是渴望身侧有伴，共赏生活之美，还是偏向于独自一人沉浸在内心的世界与梦想中？

自由欲望则站在了一个更为宏观与具体的角度。尤其在职场环境中，它关乎个人目标的驱动，以及在追求这些目标时，更倾向于独行侠式的奋斗，还是携手团队共创辉煌。这两种截然不同的态度与选择，蕴含着对自由、效率与协作的深刻思考。值得注意的是，自由欲望并非单纯地在人群中寻求陪伴的欢愉或刺激，也包括在追求既定目标的过程中，灵活地运用自由意志完成工作。这种需求更多地体现在工作层面，要求我们在保持独立性与自主性的同时，协调外部资源，完成项目目标。

综上所述，红色社交欲望与蓝色社交欲望如同光谱的两端，各自映射出独特的情感色彩与行为轨迹。深入洞悉并精准区分这些需求，不仅可以使我们更细腻地理解自我，也有助于我们更加敏锐地洞察他人的内心世界。对个性的尊重与接纳，如同开启了一扇通往多元宇宙的大门，引领我们步入万花筒般绚烂多彩的幸福世界。在这里，每一种色彩都代表着一种独特的幸福体验，每一种需求都孕育着无限的可能与美好。

第八章

动机需求之

荣誉欲望

当一个人拥有红色荣誉欲望，言出必行是他的性格标签，而蓝色荣誉欲望者则往往不受传统规则的严格约束。

1."跳单"背后的思维逻辑

一只秋田犬宝宝出现在车站的站台上，刚巧被一个下班的路人遇见，他把它带回家，有它做伴的日子从此开始。小狗每天都闹着要去车站送主人，主人拗不过，就随了它的心。晨起有它送，归来有它接，被小狗守护的旅程就这样开启了。

突然有一天，收养它的这位大学教授因心脏病倒在了讲台上，再也没能回到这个车站。狗狗不明所以，但依然每天准时出现在车站，等待着主人的归来。无论是风雨交加，还是寒冬酷暑，它的身影从未缺席过。

车站工作人员和来往行人都渐渐注意到了这只忠诚的狗，并为它的执着所感动。它一等就是9年，直到在车站去世。很多报纸报道了这只狗的事迹；车站筑立了铜像以纪念它的忠诚精神，这座铜像后来成了地标；它的故事后来被拍成了电影，写成了书。

《忠犬八公的故事》象征着忠诚、坚持和无私的爱，激励人们珍惜与家人和朋友之间的情感。它展现了动物与人类之间深厚的情感纽带，这种超越生死的守候温暖了无数人的心，甚至在某种程度上体现出八公对荣誉的追求。

我也经历过类似的故事。自小陪伴我长大的中华田园犬，是我为数不多的儿时照片中的主角。直到我中学时代，它才因为年龄太大，离我们而去。记得我小时候，我的父母要把小狗送到外省亲戚家寄养一段时间，但路很远，大人骑自行车七拐八拐地跑了一个多小时才到达亲戚家。没想到的是，两天后，它突然间出现在我家院子里。它自己长途跋涉跑了几十公里的路，只为了回到自己的家。

由孙俪主演的电视剧《安家》中有一个片段令我印象深刻。故事发生在上海，有一栋老洋房，它的产权非常清晰，但问题在于找不到房主本人。

房产中介曾多次探访这栋老洋房，里面的一位住户告诉中介，自己不是房子的主人，跟房主也已经很久没联系了。这位住户的父亲曾是老洋房的管家，代替房主照看房子。

父亲过世后，他接过了这份责任，继续看护这栋房子。房主曾表示要把他们所住的这一间送给他们，当作对他们尽心尽力守护的回馈。安排好了房子的事，房主就出国了，从此杳无音信。

这位年近70岁的老人家虽与房主不曾相熟，却依然尽心尽力打理，始终坚守着管家的身份与责任，从未打算将房子占为己有，也坚称自己对房子没有处置权。

随着剧情的发展，一位饲料大王看中了这栋老洋房。房产中介竭尽全力寻找房主，百般探寻后得知房主已去世，不过在海外找到了房主的孙子。

在中介的努力下，这笔交易似乎有了成交的可能。然而，当继承人回国时，买卖双方产生了联系。房价不菲，佣金自然很高，所以他们决定绕开中介，私下交易。买主省下千万佣金，卖方绕开了老管家的馈赠权益，双方一拍即合。省钱的动机可以理解，但他们忽视了中介在促成这次交易的过程中所付出的努力，也漠视了管家两代人的守护。

常年守望的忠犬八公、长途跋涉归乡的狗、世代肩负责任的老管家，他们的做法无不透露出对职责与承诺的坚守。管家的行为已经超越了简单的房屋看护，他们坚守规则，不断地付出，用毕生心血去守护主人的托付，体现了一种崇高的责任感。

我们可以将这种坚持和忠诚称为红色荣誉欲望，它是对荣誉感和责任感的追求，信守承诺于一生而言是头等大事。

当一个人有红色荣誉欲望，言出必行就会变成他们的性格标签，这也意味着当他有所承诺的时候，即使这项承诺有损于自身利益，他也会义无反顾、在所不辞。

董存瑞炸碉堡的故事深入人心，作为一名士兵，董存瑞在战场上看到了赢得胜利的希望，他明白哪怕是微小的贡献，都可能为部队争取到更大的胜利机会。为了保家卫国，他不顾自身安危，即使需要牺牲自己的生命，他也毫不退缩。董存瑞的行为正是责任感的体现：作为一个士兵，他的使命就是竭尽全力争取胜利。

红色荣誉欲望者的使命感格外强烈。这种使命感不仅包括保卫家国的荣誉感，还蕴含着对自我身份的认同感。荣誉感赋予了董存瑞极强的纪律性，而纪律性既是道德上的自我约束，又是一种深层的规则意识。它可能体现在遵守国家的法律法规上，也可能体现在遵守课堂纪律、团队规则，或是担当领导者的责任上。

拥有红色荣誉欲望的人，他们内心深处有一种强大的驱动力，促使他们坚守道德规则，信守承诺。无论身兼何种角色，他们总是能够履行自己的责任，成为他人依赖与托付的对象，拥有良好的口碑。

在前面的故事中，饲料大王并不在乎中介在房屋成交过程中所付出的努力。在他看来，相比那几百万甚至上千万的佣金，这些努力和付出微不足道。他为了省钱，选择逾越规则，绕过中介，这就是蓝色荣誉欲望者的思维逻辑。

蓝色荣誉欲望者往往不受传统价值观和社会规则的严格约束，他们最大的优势在于对机会的敏锐觉察力和灵活性。在他们的世界里，规则不是一成不变的，所有对自己有利的东西都会成为他们行事的基准。

在饲料大王的例子中，能省钱对他们来说就是有利的，所以他们跳过了中介。不过，这种行为正是极端机会主义者的典型特征。

相比之下，有红色荣誉欲望的人更倾向于坚守承诺，即使要付出生命的代价，他们也会不遗余力地践行他们的诺言。他们的行为深受道德约束和自律驱动，他们保持诚信，坚持原则，往往遵从内心深处的身份认同——可以是对个人的身份认同，也可以是对祖先、宗族、民族的身份认同，甚至是更广泛的文化认同。

拥有红色荣誉欲望的人，自我约束力极强，遵循的是传统价值观和道德准则。传统价值观涵盖了对应社会中各种身份的道德规范，比如作为妻子、母亲、员工、老板、校长、老师等，他们所应遵循的行为标准、所应坚守的底线。

2.灵活的人和坚守的人

有些司机会选择走应急车道，并线时利用缓冲带，或者频繁变道加塞，只为了让自己尽快到达目的地。这些行为可以被视为对规则的打破。但是当一个人拥有极致的红色荣誉欲望时，即便再着急，开会马上要迟到了，他也不会违规驾驶，宁愿之后向与会者道歉，说明情况。

拥有红色荣誉欲望的人更看重原则和承诺，不会因一时的得失而放弃自己的信念。他们的行为受到内在信仰和价值观的引导，有一种天生的自我约束力，会展现出极强的韧性。在他们心中，底线是绝对不可逾越的。

蓝色荣誉欲望者通常被称为"灵活的人"，或者更直白地说，他们是机会主义者。机会主义者在各种环境中寻求对自身有利的机会，他们的行为受到利益驱动而非道德约束。

因此，蓝色荣誉欲望者在面对规则时，更关注的是如何利用规则，而不是遵守规则，规则只是达到目的的手段。蓝色荣誉欲望者更关注个人利益和即时机会，在规则和道德约束之下，他们往往会做出灵活调整甚至突破。

对比之后，我们能够深刻感受到两者在行为方式和价值追求上的根本不同，以及人格的独特性。

拥有蓝色荣誉欲望的人更具灵活性，所以他们的行为可能会表现出一定的不稳定性。他们的行为取决于当下的环境和机会：一旦发现有利可图的机会，他们会迅速抓住，甚至不惜打破既定的规则。因此，这类人常常会钻一些小空子，在他们看来，这些"空子"正是实现目标的机会。在中国的改革开放初期，有一种罪名叫"投机倒把罪"，它指向的是通过倒买倒卖谋取利益的行为，是一种对机会极致追求的社会现象。

在那个年代，这种行为被视为不合法和不被接受的，反映出了当时某些人对机会的极致追求。同时，我们看到了在中华文明的不同发展阶段，价值观和社会规则的不断演变和迭代。

如今，机会主义者在商界做得风生水起，尤其在金融领域，灵活的思维和敏锐的洞察力成为他们的优势。对机会的快速反应和灵活把握，直接带来的是市场的波动和收益。蓝色荣誉欲望者懂得抓住机会，敏锐感知有利局势，往往能够创造更大的收益。

红色荣誉欲望者更注重原则和声誉，无论处境对自己多么不利，他们都坚持自己的承诺和道德标准。这种坚持虽然展现了极高的诚信度，但有时也可能让人错失一些稍纵即逝的机会，显得不够灵活应变。

我们经常开玩笑地对客户说："如果你是一个有红色荣誉欲望的人，那你可能就不太适合参与股票等二级市场的投资操作。"原因很简单：红色荣誉的特质是坚守规则和诚信可靠，这样的特质虽然在许多时候都称得上优点，但在需要快速应变和频繁决策的投机性市场上，拥有这种特质的人就显得不够敏捷，难以适应了。坚守规则和忠诚往往意味着一旦选择了某个方向，他们就更倾向于长期持有，而不是频繁更换。相反，蓝色荣誉欲望者则能够在机会面前迅速做出反应，在瞬息万变的市场中找到突破口，巨大的潜力和爆发力往往会带给他们丰厚的回报。

3.在千变万化的世界里看见成长机会

两种荣誉欲望有各自的光芒和局限，关键在于怎样认识自己的特质，并找到适合自己的发展路径。

红色荣誉欲望者的优势在于他们可靠、诚信、忠诚，以及高度重视名誉。他们深受传统价值观的约束，是非常讲道义的一群人，在乎的是自己的责任和对他人的积极影响，这使他们在社会中有着稳固的地位和可信赖的形象。

然而，这些优点在某些时候也可能成为成长的瓶颈。红色荣誉欲望者往往在灵活性和对机会的把握方面有所欠缺，坚持原则有时就等同于难以快速适应变化的环境。因此，他们的成长机会在于如何在保持原则的同时，提升自身的适应能力和灵活性，以应对层出不穷的新鲜事物和不断变化的世界。

我们试图用现代价值观去说服这些红色荣誉欲望者，帮助他们看到新的可能性，有新的认知，但这往往需要耗费大量的时间和成本，因为他们需要时间去接受和内化这些新的观念，逐渐改变对某些行为的认知和态度。

反之，拥有蓝色荣誉欲望的人则展现出高度的灵活性和变通能力，他们擅长抓住机会，在不断变化的环境中游刃有余。然而，他们也需要意识到自身的局限性和面临的挑战，即如何在灵活变通的同时兑现承诺。对蓝色荣誉欲望者来说，他们需要明确知道何为合理的机会，如何在遵守基本道德和规则的前提下，找到破和立的可能。蓝色荣誉欲望者的优点在于善于调整和快速反应，但同时，他们需要在机会主义的道路上认清底线与界限，确保在追求利益时，不让自己失了诚信、丢了责任。

拥有不同荣誉欲望的人，适合的岗位也不同。蓝色荣誉欲望者更能在考验随机应变能力的岗位上发挥特长。比如在投资、资源对接和整合等充满变数和机会的工作中，极高的灵活性和敏锐度能使他们干得如鱼得水。对那些需要迅速捕捉和利用机会的职业，蓝色荣誉欲望者往往会表现出极大的兴趣。快速变化和机会导向的环境更能激发他们的潜力，让他们在职业生涯中大放异彩。

红色荣誉欲望者则更适合传统领域，因为这些领域相对稳定，与他们的个性和价值观更契合。公务员、警察、军人等需要坚守责任和捍卫国家利益、人民利益的岗位，正是他们能充分发挥优势的地方。这些职业的稳定性和对原则的高度要求，让红色荣誉欲望者能够在工作中实现自我价值，不必面对个人特质与职业需求之间的巨大冲突。红色荣誉欲望者喜欢在有明确规则和传统价值的岗位上工作，这样的岗位能够使他们的忠诚、责任感和可靠性成为宝贵的优势。

在教育孩子的过程中，对不同荣誉欲望的孩子，家长的教育规划和资源配置也应有所不同。有蓝色荣誉欲望的孩子可能会经常挑战学校的规则，甚至形成"能躲就躲，能退就退"的行为模式，比如无故早退，在小组活动中表现出逃避责任的倾向。

尽管如此，这类孩子也有他们独特的优势，家长应该引导他们认识到努力学习的好处，并为他们规划出清晰的未来路径。即使他们在学校表现得调皮捣蛋，甚至经常被请家长，我们仍然可以通过强调学习带来的积极结果来帮助他们建立正确的认知。例如，当家长受到学校老师的"邀请"，需要处理孩子的纪律问题时，家长不应只是批评孩子，而要帮助孩子明白，不调皮捣蛋的话，他们能得到什么好处。"问题孩子"喜欢在学校或班级中挑战规则和底线，家长则需要审视和重塑孩子对机会的认知，引导他们把握机会，而不是随意打破规则。

在当今社会中，婚姻的稳定性已然成为焦点问题。这不仅与国家的经济发展水平有关，也与社会的开放性、多元化和包容性有关。在更开放的社会环境中，"机会"更为凸显，给婚姻忠诚度带来了巨大挑战。

一个人在高度推崇家庭的环境中长大，责任感根植于他们的行为中，使他们更倾向于在感情和婚姻中保持忠诚和专一；而出轨行为不仅受个体的浪漫动机影响，还与个体对荣誉的追求程度密切相关。

当一个人对荣誉有极致追求时，他在面对打破规则或违背道德、纪律的抉择时，内心往往会感到挣扎与不安。他会尽力维护自己的名声和社会评价，尽可能避免让自己的行为损害他人对自己的信任。因此，在婚姻的稳定性方面，红色荣誉欲望者更倾向于坚守原则，即使面临婚姻问题，他们也更倾向于寻求更为公开、透明和可以被社会接受的解决方案。

反之，拥有蓝色荣誉欲望的人在面对婚姻中的不稳定因素时，往往表现出较高的灵活性和对机会的追求，他们可能会随心而行，倾向于追求个人的即刻满足，而不是坚守传统的道德。

荣誉欲望对个体行为发挥着重要的影响力。我们可以尝试对一个人的行为进行自由的思考："究竟是什么东西在驱使一个人的行为？"这也回到了我们之前讨论的动机研究的核心：想要什么，想要多少，以及在多种选择中，哪一个是我们真正渴望的。对荣誉的理解，不仅有助于我们理解个体的行为，还能帮助我们更好地践行生活中的规则。

　　为灾区捐款时，人们也会做出不同的反应，有人积极有人犹豫，这就是对公平正义，以及社会参与的追求。

1.捐还是不捐

　　这个世界无时无刻不被战争、贫困、饥荒笼罩。有些是自然灾害，有些则是人为灾难。我们大多数人并未亲历灾难，但作为旁观者，仍然能感受到人们在面对巨大挑战时的悲痛与无力。听闻汶川地震这样的极端自然灾害发生，人们的反应各不相同。有些人在地震发生后变得异常紧张。灾区人民是否需要食品和饮用水？是否缺少棉衣？灾区的每一则新闻、每一个数据变动都会牵动他们的神经。他们认为自己与灾区紧密相连，了解灾区的所需在情理当中。他们可能还会想到灾区的伤者，于是想要通过献血来解灾区的燃眉之急。再比如，生活在非洲部分地区的人们的生存状况令人担忧，维和部队便频繁远赴非洲，给予支援。他们在面对天灾人祸时的本能反应，就是希望以自己的微薄之力来支持和帮助身处灾难中的人们。这种关怀和行动，映射出人性善意的光辉。

　　为灾区捐款时，人们也会做出不同的反应。有些人非常积极，觉得终于有机会为灾区做些事情了；有些人则认为，既然单位组织了，不捐觉得心里过意不去，那就象征性地捐一点；还有些人会犹豫，"从道义上讲，我应该捐一点，但我这点钱不过杯水车薪，解决不了根本问题"，并且认为天灾难免，人不应该只依赖外界的帮助，而更应该积极自救。这就是我们这一章的主题——对公平正义以及社会参与的追求。

身在别处却情系灾区，非常想把自己的一部分财物和精神能量献给苦难中的人们，这就是红色公正欲望者的一种行为表达。

红色公正欲望者通常乐意帮助他人，总是充满同情心。当他们伸出援手时，就会生出一种让他人感到温暖的力量，温暖源自对他人的关照与体贴。红色公正欲望者会自然而然地关注他人的需求，无意识或下意识地主动体恤他人的需求。遇到身处困境的人时，红色公正欲望者会积极主动地采取行动，比如在灾情发生后，在网络上查找信息，了解物资供给情况，或打电话询问灾区人民的具体需求。即使没有人号召他们去做什么，没有接到明确的要求或指示，他们依然会主动寻找帮助他人的机会。

红色公正欲望者拥有一种强烈的利他精神，这种利他精神在大部分时候会让人感到被看见、被爱。我有位忘年挚友，无论在工作还是生活中，他都曾给予过我太多帮助。我称呼这位朋友的夫人为李老师，她是一位将毕生心血都奉献给肿瘤内科临床工作的医者，是中国肿瘤界的重量级名医。三甲医院肿瘤科人满为患，何况她还肩负着博士生的教学工作，有一次聊天，我说："李老师，你的门诊量这么大，午餐都顾不上吃，实在太辛苦了。要不要考虑去国际医院？设施好，门诊量少，人就不会那么辛苦了。"她想都没想就回应道："国际医院一天能有几个病人？一年算下来估计也就赶上我们一周的门诊量。那才能帮几个人？对我来说，根本没有价值可谈。"此刻的我很是愧疚，我的眼里只有生活舒适度，而她看到的是一个等待被拯救的庞大群体，不愧为医者仁心，心有大爱！当一个人发自内心地怜悯众生、体恤他人，所谓的筋骨上的煎熬就不值一提，因为没有什么比得了愿众生平等地远离苦海。

2.佛家精神与社会参与

几十年过去，谈话的场景依然历历在目，李老师有同情心，有爱心，有利他之心，更有想要为创造众生平等的社会贡献一份力量的公正之心。

"公正项目"在英文里叫social engagement，直译为"社会参与"，意指主动参与社会活动，与他人互动并建立联系的行为和过程，是个体与社会之间的双向互动过程。它涵盖的活动和情境十分广泛，从日常的社交互动、社区服务、志愿活动，到参与公共讨论、社交媒体互动等，反映出一种积极参与社会生活的态度。

（1）社会参与的最基本的形式是人与人之间的互动和沟通。它可以是面对面的交流、线上社交媒体的互动、参与团队活动等。通过这些互动，人们能够表达观点、分享信息、获得情感支持。

（2）社会参与通常伴随着一种责任感或对社区、社会的关心。参与志愿服务、参加公益活动、投票等行为，表现出一个人对社会事务的关注和投入。

（3）通过参与社区活动或与志同道合的人交流，人会感受到自己是更大的集体的一部分，这种归属感对心理健康和幸福感有积极影响。社会参与可以增强个体的归属感和认同感。

（4）无论是分享知识、参与公益活动，还是推动社会变革，社会参与都是个体影响社会、贡献社会的方式。个人通过积极参与，可以在更大范围内施加影响。

（5）参与社会活动不仅帮助了他人，还促进了个体自身的成长。它有助于提升个体的社交能力、领导力、自信心，以及拓展视野和人脉网络。

社会参与不仅是人与人之间的互动，更是一种社会责任和使命，旨在促进生命平等和社会正义。

（1）倡导社会正义和公平：社会参与为个体和群体提供了一个表达声音和意见的平台，使那些被边缘化、弱势或没有话语权的人群能够获得关注和支持。通过参与社会活动、抗议、倡议、政策讨论等方式，社会参与者可以推动更公平的政策，倡导平等的社会环境。

（2）打破偏见与歧视：通过多样化的社会互动和跨文化交流，社会参与可以打破种族、性别、年龄、性取向、社会经济地位等方面的偏见与歧视。参与者可以通过教育、对话和合作，增进对他人处境的理解，推动包容性和多样性的文化氛围，促进生命的平等。

（3）资源和机会的再分配：社会参与鼓励慈善、志愿服务和公益活动，为资源匮乏和处于困境中的人们提供帮助。这种再分配的努力在一定程度上缩小了贫富差距，改善了社会不平等现象，帮助弱势群体获得生存的基本保障和发展机会。

（4）提升边缘化群体的社会地位：通过社区活动、社会支持和倡导行动，社会参与帮助提高边缘化群体的社会可见度和地位。让更多的声音被听到，推动社会对多元生命的尊重和重视。

（5）教育与意识提升：社会参与有助于提高公众对社会不平等问题的认识和关注。通过宣传、活动、培训等方式，促进公众对社会不平等现象的理解，鼓励公众采取行动去改变这些状况。

（6）促进政策改革：通过社会参与，个体和组织能够影响公共政策，推动立法机构和政府制定更加公平、包容和有利于所有生命的政策，从而促进社会结构的平等化。

综上，通过广泛的民众参与行动，社会参与可以在实际层面推动一个"更加公平和包容的社会"。

谈到这里，我想起了佛家所言的"众生相"，即所有存在的生命，包括动物、植物等大家平等、互相关联、共生。我们接下来试着探索佛家精神与社会参与的关联。

（1）生命平等与慈悲心：佛教提倡"众生平等"，即所有生命都有其存在的价值——社会参与之公平和包容。社会参与中的慈善、公益和对弱势群体的帮助，实际上也是对"众生"的一种尊重和关怀。

（2）减少苦难，普度众生：佛教强调以慈悲心去减少众生的苦难——社会参与之通过实际行动去帮助需要帮助的人群，改善社会不公，减少他人的痛苦。两者的核心都是减少生命的痛苦与不平等，推动一个更仁爱的世界。

（3）缘起性空，互相依存：佛教认为万事万物皆是因缘而起，互相关联——社会参与之个体的行动不仅影响自身，还会影响他人和社会整体。通过积极的社会参与，我们在某种程度上也是在推动集体的善业，改善共同的生存环境。

（4）无我与利他精神：佛教提倡无我利他，鼓励舍弃自私之念，利于众生——社会参与之志愿服务、无私奉献和助人精神。人们通过参与社会公益，为他人带来益处，从而实现个人精神的成长和升华。这正是"无我利他"思想的具体表现。

（5）爱与同理心的实践：佛教讲究慈悲与同理心，关怀众生之苦——社会参与之同理心。无论是社会救助、志愿服务，还是倡导平等与公正，它们都是同理心与慈悲心的共同追求。

可见，社会参与不仅仅是世俗层面的互动和贡献，它也包含着佛家"众生相"理念的精神内核：尊重生命，减少痛苦，关怀彼此。在社会参与中，我们秉持着对众生的慈悲与平等，通过实际行动传递爱与善意，这与佛教追求的众生福祉和大同世界有高度的相似性。

身为医者的李老师视解除病患者的苦痛为己任，为帮助更多的病患者，李老师再苦再累也在所不惜。这无疑是社会参与的极致表达——慈悲心，减少苦痛，无我利他，与爱同在。此举推动医疗资源更公平地分配，同时帮助了弱势群体得到生存的基本保障和好好生活的机会。

同样为人，我病有医，你病也应有医；我有饭，他人也应有饭；我有干净的住所，人人都应有住所；我有净水，他人都该有净水……这恐怕是维和部队每一位成员的心愿吧，也是"理想国"的愿景。

下面，我们先聊聊维和部队，再说说理想国。

投身于维和事业的人，冒着生命危险在非洲执行任务。他们原本与当地民众没有任何直接关系，他们并不认识那些需要他们帮助的人。尽管如此，维和人员依然选择尽自己的一份力量，为实现一个更和谐、更公平的社会而努力。通过这样的行动，我们更能感受到人性中的无私、善良与责任感。这种跨越国界的奉献精神，体现了人们对平等和大同世界的追求，也是社会参与和人道主义的最深刻体现。

古希腊哲学家柏拉图（Plato）最著名的著作《理想国》（*The Republic*），是西方哲学和政治思想的重要经典，探讨了正义、政治、教育、哲学、社会结构等多个主题。其核心思想包括：

（1）正义：所有人应当各司其职，履行各自的职责，不干涉他人的工作，这样整个社会才能运行良好。

（2）理想国家的构想：由三个阶级组成乌托邦式理想国家。

（3）哲学王的统治：拥有智慧和美德，为公共利益和正义而统治。

（4）教育与培养：教育不仅是知识的传递，更是灵魂的提升。

（5）正义与灵魂的和谐：正义与理性、意志与欲望和谐统一。

（6）洞穴隐喻：解放人类对真理和现实的无知。

《理想国》不仅探讨了道德伦理，还涉及社会正义等多个层面。尽管在现实中难以实现，但它对后世的政治哲学和对理想社会的思考产生了深远的影响。

柏拉图所提出的"理想国"，是他在自己知识体系下对完美社会的构想。在理想国的设想中，社会是一个完整且理想化的平等社会，是一种"我有你也有"的公平状态。这种设想也与我们在现实生活中见到的一些例子契合，比如维和部队，以及那些热爱自己的事业、愿为公众服务的公务员等。

警察去抓小偷，可丢东西的人与警察有直接关系吗？或者说，小偷的行为对国家够得上重大危害吗？从表面上看，似乎并没有那么深的关联，那警察为什么还要冒险，甚至不惜牺牲自己的生命去抓小偷呢？原因在于，警察并不在乎丢的是什么东西，也不在乎是谁丢的，但他坚信的，是这些本该属于失主的物品不应被窃取，这是一种根植于内心的正义感，是对公平和秩序的维护，是对正义之邦的追求。

"正义之邦"的理念即社会应该是大同的，没有悬殊的差距，也不该有人挨饿受冻。社会中的每个人都应该拥有基本的生存权利和尊严。在这种观念的驱使下，拥有红色公正欲望的人展现出了人性中的温暖，乐于帮助他人。

3.无私奉献与审慎抉择

蓝色公正欲望者，你能说他们是冰冷的人吗？其实并不一定。对于捐款这件事，许多人表现出的是一种审慎的态度。有人会想："我不是不能捐，但我捐的这些钱究竟能起多大作用呢？这些钱能真的被用于灾区重建吗？"这种想法反映出一种对捐款实际效果的思考。

再比如，我们常听说一些偏远山区经济发展相对落后，那里面临着贫困和资源匮乏的挑战，山区的居民往往需要外界的扶持和帮助。然而，有些人会认为"救急不救穷"，这些地区的人更应该通过自我的努力来改善生活，而不是过度依赖外界的帮助。这种观点并不是冷漠，而是对救助方式和结果的深思，也蕴含着自救与他救的哲学思辨精神。

曾有这样一个故事，讲的是偏远地区的一个扶贫项目。为改善当地的生活和发展条件，扶贫队进行了实地考察，发现村子里有一定规模的劳动力，也有自然资源，所以他们规划了一个代理饲养员的养猪扶贫项目。具体说来就是将猪崽和猪饲料分发给农户，农户只需要一日三餐定点喂猪，静待小猪长大，政府回购。这可是个令人拍手称赞的项目，没有任何风险，农户几乎零投资，唯一需要付出的就是力气和时间。就这样，一个计划周期过去了，扶贫队回访时发现，猪崽没怎么长，猪饲料也没消耗多少，情况不及预期。我想，这些农户可能从来就不想养猪，也从来没有想过要过什么样的生活吧。

因此，从另一个侧面来说，当一个群体习惯于依赖他人的帮助时，他们可能会失去自主奋斗的精神，难以开创属于自己的天地。

在这种情况下，红色公正欲望者，不要过多干预他们，促使他们承担起自身的责任，这样可能更有助于他们的成长和社会的发展。适当引导和激励远比一味帮助更能激发他们自我改变的动力，正所谓授人以鱼不如授人以渔。

蓝色公正欲望者会更加务实，没有什么所谓的公与不公，他们只在乎变得更好。让谁变得更好呢？跟自己有关系的人，比如朋友、家人，他们需要什么，我就去关注什么。

我们再把注意力聚焦到两种公正欲望者身上。

拥有红色公正欲望的人无私、博爱且利他，他们无论自身境况如何，都会尽己所能地无私奉献，他们热衷于像天平一样主持正义，维持社会的稳定与相对公平。红色公正欲望者会让人感到被体恤。

蓝色公正欲望者关注宗族、派系等与自己有关系的小团体，从理性务实的角度看待问题。

动机需求本身没有好坏之分，每一种需求都有其优点和缺点。在公众层面上，拥有红色公正欲望的人具有怎样的闪光点呢？这个群体往往非常愿意帮助他人，具有很强的利他精神，让人感受到温暖和善意。然而，这些人也面临着一些挑战，例如容易出现"大爱泛滥"或"博爱无边"等情况，他们对所有人都表现出关心和帮助的意愿。有时，这种行为可能会让他人感到不适，或让他人误以为这个人别有用心。因此，平衡关爱他人和保持适度的距离，是他们需要面对的挑战。

蓝色公正欲望者的优势则在于注重实际，并且他们更关注自身的需求。他们倾向于更加全面地照顾自己，注重自我管理和自我保护。然而，这类人有时也可能会被认为是冷漠或无情的，因为他们更注重自我，而不经常流露对他人的关怀。

当一个人总是想着去帮助他人、带给他人温暖时，他可能就会被认为是一个"暖男"或"中央空调型"的人。的确，当一个人在生活或工作中处处为他人着想时，你会发现他总是表现出一种本善的态度，基本不会做出没有底线的事情。在处理问题时，这种人往往会多考虑一步他人的需求。例如，当他肚子饿了，要下楼买吃的，他可能会想到问问身边的同事是否需要顺便带一份，甚至主动给同事带一份回来。

这种性格固然是好的，但它也带来了一些挑战。这种无私的关怀有时可能会让人过于依赖，或者让他自己在无意中承受了过多的责任和过大的压力。因此，如何在关怀他人与照顾自己之间找到平衡，是这类人可能面临的一个挑战。传统社会价值观提倡善良，倡导大家都成为能帮助他人、给予他人温暖和关怀的人。但是，如果一个人总是顾及别人，却没有足够的能力去照顾自己，这能算是好事吗？红色公正欲望群体确实需要思考这个问题。

不过，我们必须强调，帮助他人和给予他人关爱所体现出的利他精神，在某种程度上确实能带给我们巨大的成就感和回报。正如我们在谈论动机需求时所提到的，动机需求可以被划分为多个层面，包括权力、地位等与成就相关的动机需求。这些需求有助于个人在追求成就的过程中取得突破。同样，公正欲望在某种程度上也能对成就产生积极的影响，我们可以把这种影响看作一种力量。就像一个成就卓著的企业家，拥有红色公正欲望意味着他在很多情况下能够替他人着想，这种关爱他人和考虑他人利益的思维方式，会让他在商业领域中取得深入的发展。

埃隆·马斯克（Elon Reeve Musk），特斯拉等公司的创始人。他在企业经营过程中同样展现了"为他人着想"的情怀。作为红色公正欲望者的他（就目前信息来判断），通过科技创新，不仅推动了个人的发展，也在更大范围内影响和塑造了人类社会，为人类创造了更多价值。

暂且不谈人物背景，仅从他们所做的事情来看，有些人的着眼点非常高。他们试图解决的问题，并不局限于个人、某个行业、某家公司甚至某个国家，而是包含全人类的困境、全种族的挑战。

例如，埃隆·马斯克不仅致力于科技创新，还希望通过航天和新能源等领域的变革，来推动人类社会的进步；还有我那位朋友——李老师，她是肿瘤内科方面的一位泰斗级人物，他致力于应对种族甚至全人类面临的重大健康挑战，影响遍及世界；还有扎克伯格的妻子普莉希拉·陈（Priscilla Chan），她是一位华裔女性，也在为攻克儿童心脏病等重大医学课题付出巨大努力。无论是站在医学、科技还是社会公益的前沿，这些人都展现出了超越自我的格局和奉献精神，以全人类的福祉为己任。这种以全人类的发展为目标、着眼于全球性挑战的视野，能够让他们在事业上取得非凡的建树，达到常人难以企及的高度。因为他们那无与伦比的原动力是对全人类生命的守护与延续，对生命存续与传承有着深深的使命感。

然而，极致红色公正欲望者要意识到一个关键点：在给予他人帮助的过程中，必须首先要让自己变得更加强大。这意味着，只有先管理好自己，照顾好自己，才有能力去帮助更多的人。

这也提醒我们，当一个个体拥有强烈的红色公正欲望时，他有时也会面临一些挑战，特别是在如何让自己在复杂环境中持续成长、变得更加强大方面。因为只有当你自身足够强大时，你才能真正有能力去提供他人需要的支持，推动人类获得更公平的机会与更多的发展。先自强，而后利他，这才是持久且有效的助人之道。

我们也能看到蓝色公正欲望者在日常生活中的优势，比如，在乘坐飞机时，安全演示中的一个关键步骤，就是当氧气面罩脱落时，乘客应该怎么做，红色公正欲望者的第一反应就是先照顾身边的人，例如优先给孩子或爱人戴上面罩。然而，在安全演示中，乘务员反复强调：当氧气面罩脱落时，最正确的做法是先给自己戴上面罩。因为如果你自身的安全都得不到保障，你就无法有效地帮助他人。这个例子提醒我们，保护自己是帮助他人的前提，蓝色公正欲望者的务实精神和自我保护意识正是对这一点的最佳诠释。

因此，有蓝色公正欲望的人群值得我们关注和学习的地方，就是他们善于照顾自己，倾向于自助而非依赖他人，这是对自己负责的最佳体现。这种精神的核心在于首先确保自己的安全，然后才能更有效地应对外界的挑战。

在这里有一个疑问：一个人帮助他人，是出于真正的利他之心，还是期待他人给予回报和赞赏？红色公正欲望者会表现出强烈的助人意愿，但我们难以分辨他们的动机是纯粹的善意，还是渴望获得外界的认可和掌声。在这种情况下，我们需要通过对动机需求的优先级进行更为深入的考量。我们需要认识到，给予他人支持和协助的行为在某种程度上可能与外界的称赞和肯定相伴而生，两者并非完全对立，而是相辅相成的关系。理解这一点，有助于我们更全面地看待助人行为及其背后的动机。

何谓"相长的关系"？相长的关系可以理解为一种相互促进的状态：当我帮助他人时，我得到了肯定和赞赏，这种认可激励着我，让我更加愿意去帮助他人。这种关系是彼此促进、互相激发的体现。究竟利他先行，还是自我价值先行，需要每个人在内心进行深刻的思考，这种思考不失为一种成长的捷径。

在职业发展领域，一个人若愿意为他人做出极致的付出时，他其实可以投身许多利他性的领域，比如慈善事业、公益事业，或能够为他人提供保障的行业。因为拥有红色公正欲望的人常常保持着高度的积极性和主动性，这种无条件利他的精神使他们不断地探索如何更好地帮助他人，他们还可以从中获得成就感和满足感。例如，保险行业非常适合有红色公正欲望的人，因为它的核心是为他人提供保障。参与儿童、妇女、贫困群体的救助工作，或者在公共服务体系中支持偏远和贫困地区的发展，都可以充分发挥他们的优势。

如今，许多社会名流参与了公益事业，但有时我们需要分辨他们的动机是手段还是目标。当一个人真正致力于为人类和社会做贡献时，他展现的是无私的利他精神，你能感受到他的温暖。然而，如果这个人是为了获取流量甚至某种庇护，那他做慈善就不是发自内心，而是带着某种目的。

在亲密关系中，红色公正欲望者关注对方的需求，会尊重对方，亲切地对待对方。这里的尊重与地位的尊重不同，它更多地体现在细致和贴心关怀上。这种特质在人际关系中拥有强大的加持力。蓝色公正欲望者则往往会给对方一种冷静、理性的感觉，有时甚至会显得有些冷漠。面对这种"冷"，我们需要关注的是他们是否在务实和客观地看待问题。

　　在各种关系中，理解和审视自己的欲望与行为，有助于我们找到更好的平衡点。

秩序感不仅包括对事物的排列和管理，同时还包括个体思维逻辑的内在秩序感，比如沟通或做事的条理性等。

1.爱干净的猫咪和随心所欲者

我们很少见到猫咪有毛发杂乱的时候，它们或坐或卧，经常舔自己的毛发，把毛发梳理得非常干净、顺滑。

在处理排泄物的时候，它们会非常认真地用猫砂掩盖，猫砂不够了，它们就会围着你喵喵叫，意思是"便便盖不住了，赶紧加猫砂。"所以，即使一两年不洗澡，猫咪也会自我清洁，时刻保持干净。

如果有一天猫咪脏兮兮地出现，你可能就要注意它们是不是生病了。这就是我们这一章的主题——行为模式中关于清洁、组织、架构、先后次序的欲望和期待。

我们在生活中常会遇到这样一类人：你今天和他聊得特别尽兴，随即提议晚上一起喝一杯。这时他会先拿出手机或日程本查看安排，然后说："不好意思，我今晚已经有约了，需要回家准备一些文件。"

即使很期待与你继续话题，他也会严格遵循既定的计划而拒绝你。如果要改天，他依然会查日程，再和你确定时间。你可能会觉得遗憾，等他有空时，自己的兴致也许早已不在。

还有一类人，他和你约好下午两点碰面，时间到了却不见他人影。你尝试联系他，结果发现完全找不到人。直到下午四五点，他才回电解释：

"抱歉，我刚才忙别的去了。"即使是早上刚刚确定的约会，他也可能会忘记。这样的随意性常常让人感到不被重视或失望。

这两类人的行为模式截然不同：一个严格守规，不马虎；另一个随性而为，易受外界干扰。

第一种人就像猫咪一样，一切遵循严格的程序和计划。猫咪非常注重清洁，喜欢将自己打理得干净整洁。

就像去某些朋友家做客，你会发现他们的家总是一尘不染，即使工作再忙，他们也能把家里收拾得井井有条。这样的清洁习惯与仪式感，让我们感受到他们对秩序的高度重视。

这些人在处理工作事务时，也会做出日程安排，十分有规划。我们将这类人称为拥有红色有序欲望的群体。当一个人具备这种特质时，你会发现他在处理例行事务时总是严格遵循计划，非常擅长规划。

比如在公司里，一个人的办公桌总是整洁有序，笔、本子、便笺等物品都摆放在各自应在的位置。当你需要他配合工作或查找文件时，他通常能迅速地从特定的抽屉中找到你所需的资料。

这些人对清洁和秩序的要求和猫咪一样，他们不仅在意个人形象，还非常在意周围的环境。

秩序感不仅包括对事物的排列和管理，还包括个体思维逻辑的内在秩序。比如，你与大家即兴交流或开会，讨论某个社会事件或新闻话题，有的人会有条理地说："关于这个问题，我有三点想法。"他会清晰地从不同维度展开分析。

这种对观点的条理化表达，是红色有序欲望的一种体现。红色有序欲望者做事一丝不苟，他们会对所有需要规整的东西做很好的、必要的管理，对条目、组织、流程的管理也有先天优势。

另外一种人则比较随性，经常突发奇想。突发情况有的时候会完全

"侵占"他们的大脑和思维，也就是说，当意外的或者计划以外的事情来临的时候，他们对其是持欢迎态度的，或者说是完全接纳的。他们被新鲜的东西、突发的状况所吸引，于是就忘了哪怕是上午刚说好的约会。

他们缺乏对日常的管理，对细节层面的处理也会有一点混乱。比如说，你跟他要一个东西的时候，他半天找不到。

再比如，一周之前的文件竟还放在原位，因为他完全没给这些文件进行归类处理。

这些东西对他来说不重要吗？其实不是不重要，即使这些东西对他来说很重要，他也会随意放置，他认为自己知道在哪儿就行了。我们把这类人称为蓝色有序欲望者。

蓝色有序欲望者特别灵活，不会受所谓的日程表限制。他们会因自己的情绪变化、思路变化做出很多临时安排。

比如说，她今天想去看电影，在去电影院的路上，看到公园里的海棠花特别美，她就在公园里玩了一个下午。当她回家和家人聊起来的时候，她会说："我都忘了自己是要去看电影的，我被海棠迷住了。"

这就是蓝色有序欲望者，他们会追逐所谓的灵光一现的点子，想到就会去做。

2.你在乎百分之百的准确吗

在工作环境中，有的人能够一边打字，一边跟同事聊天。过一会儿，他会走到旁边去搞一杯咖啡，在这个过程中他还会跟另外一个同事说点什么。他似乎非常能干，能够同时处理很多件事，这就是多任务处理能力。

在为别人做咨询的过程中，我也遇到过一些客户。他们在家里一边做着工作，一边用很大的声音播放自己喜欢看的电视剧。

这会影响到他的工作吗？未必。对他们来说，看电视，知道大概剧情就好，不一定要知道每一个人物的细节；做工作，大面上过得去就好，不用非常严谨、仔细。

红色有序欲望者能够胜任秘书之类的工作。每天按日程规划进行，保持文件管理的完美状态，随时响应老板的安排，这些"细节""精准度"，都是令红色有序欲望者十分享受的。

"不确定"对他们而言是令人难以接受的，他们喜欢"因为……所以……"这样的逻辑和程式，非常擅长制定流程这样的工作，追求"可预见性"。

什么是可预见性？就是事物、事件或行为的结果可以预计或推测。晨起看天气预报，合理安排穿衣、出行；导航查询交通时间，保证准时到达；就餐前订位，避免排队延误时间；定期体检，及时治疗；做预算，管理财务，避免超支；学习儿童心理和营养课程，为孩子的健康成长作准备；作息规律，早睡早起；记录日程，避免时间冲突……这样做的好处，就是能够及时掌控未来的局面。

对蓝色有序欲望者来说，"兴趣使然"是其个性，他们乐于接受临时的、突发奇想的事情。

干吗要花时间做日程表呢？做了计划也不会看，忘了下午两点钟的会议也没什么大不了的。

我曾经遇到过一位九年制学校的校长。这位校长才华横溢，常常脑洞大开，有很多奇思妙想，而且解决问题的能力超强。

与他相处时，我发现他常有一闪而过的好点子，但他似乎早已忘记了之前说好的事情。我暂且将他定义为蓝色有序欲望者。

那么问题来了，蓝色有序欲望一定会影响校长履行职责吗？答案是显而易见的。关注细节只是一种管理风格，擅长解决问题才有无可匹敌的能量。

蓝色有序欲望者不在乎计划百分之百的准确。"计划好的五件事虽然一件没干，但我也没闲着。"蓝色有序欲望者当秘书的话，会让同事和老板产生焦躁的情绪。老板找她打份文件，她一句"你等一下"，很可能意味着让老板等一个小时，因为她根本不记得文件究竟在哪里。

蓝色有序欲望者会觉得计划是好的，但也没那么重要，计划再好也赶不上变化，所以视事情发展到什么程度、工作有何变化、同事有何新需求、老板有没有新部署……再进行安排，只有这样才是正确的。

对他们而言，计划这种东西有些烦琐和多余，每天情况都在变化，没必要把事情搞得那么麻烦，知道个大概，做个差不多就行，计划今天没完成就明天再补。为什么一定要把计划做得那么完整、清晰呢？

就像前面举的例子——一边看电视一边工作，剧情会有遗漏，工作也会产生纰漏，貌似同时做了两件事，但也可能要花费更多的时间和精力弥补漏洞，反而得不偿失。但蓝色有序欲望者认为自己胜在高效，电视看了，工作也做了，多好！

随性的群体不会太在意细节，对程序化的"规矩"也缺乏耐心，脱下的鞋子未必要放回鞋柜，他们更喜欢随心所欲。

相比之下，红色有序欲望者更重视计划和程序带来的"可预见性"，注重细节和条理，通常给人一种靠谱的感觉。

蓝色有序欲望者往往不追求完美，觉得"差不多就好"，他们更享受随性、放松，对各种情况都能接受，觉得没有必要执着于什么。

他们不拘泥于固定程序，而习惯于根据外界变化快速调整自己的节奏。他们的优势在于应变能力强，能够迅速适应环境，灵活处理任务。

相比之下，红色有序欲望者更崇尚仪式感和程序性，在细节和可预见性中获得乐趣和满足。正因为如此，红色有序欲望者常给人干净整洁、条理分明、沉稳不乱的印象。

有人可能会误以为蓝色有序欲望者不招人待见，但其实每种性格都有积极和消极的方面。红色有序欲望者确实在做计划、管理细节、做事条理性方面表现出色，但这也不意味着他们就完美无缺。

红色有序欲望者在面对变化时可能反应较慢，缺乏灵活调整的能力，蓝色有序欲望者则在顺应变化和快速反应方面更具优势。

蓝色有序欲望者有灵活、随意的特点，不愿意受太多规则的束缚。在个人形象、物品管理、工作安排或文件处理上，他们常常显得凌乱和无序。

然而，在需要高度灵活和随机应变的市场营销领域，面对风云变幻的市场，蓝色有序欲望者则不按常理出牌，经常展现出具有打破常规的能力。

这种灵活性使他们能够迅速调整策略和视角，应对市场变化，激发出更多创新和突破的可能性，得到更好的收益。

再比如，我们在纪录片中看到一些艺术大师，他们的工作室环境混乱、随意，但这却往往孕育着他们打破传统的创造力。

在教育的过程中，家长常常抱怨孩子："我刚收拾完，你这个熊孩子就把房间搞得像个战场！"面对儿童房里一片狼藉的状况，家长常不胜其烦，但孩子正处在创造能力和创新精神萌动的时期，如果乱是避免不了的，那就鼓励孩子在混乱中寻找属于自己的处事哲学吧。

有条理的孩子确实令人省心，他们总是把生活、学习安排得井井有条，但如果过于追求完美，那家长就得注意了，因为完美主义通常与强迫行为有关，这指的是一个人总是按照自己设定的模式和轨迹来管理一切。

比如吃饭时，桌子上通常会摆放筷子、勺子、碟子和纸巾，要求高度有序的人会习惯性地将每样物品摆放在特定的位置上，这样就会导致不必要的时间和精力损耗，长此以往，必然会给其身体和心理带来双重挑战。

3.改变意识还是改变习惯

我们接下来再聊一聊"个性稳定性"。

红色有序欲望者依计划行事，会抵触或不接受"超纲"事件，但并非所有的红色有序欲望者都会朝强迫症的方向发展。

生活本来就是充满不确定性的，有确定性追求的红色有序欲望者应该知道如何应对不确定性的挑战和压力。

客观审视自身的需求，让需求能够在生活中为我所用，是动机理论中提升幸福指数的核心精神。丰富和满足自我欲望，才能让生活朝更和谐的方向发展。

不同的有序欲望者在亲密关系中面临诸多挑战。比如爱干净的女主人把家收拾得一尘不染，将洗好的衣物熨烫平整，收纳在衣柜中。

而男主人却有着不同的习惯，比如他把换下来的衣服随手丢到一边，把叠好的衣服搞乱。

冲突就此发生，女主人觉得自己的劳动不被尊重，凌乱是对自己的忽视和不爱。男主人也觉得很委屈，自己只是认为第一件衣服不合适，就换了一件，鸡毛蒜皮的事，怎么就上升到爱与不爱的高度了？

如何解决这个问题呢？两个人需要做出改变吗？习惯改得了吗？要解决这个问题，无须改变习惯，一个小窍门即可搞定。

我们需要意识到，每个人的生活习惯和需求都是基于自我满足的。比如，一个人做出随意的行为并不是要故意挑战对方，那只是他多年以来养成的习惯，我们所要做的就是尊重对方的需求和习惯，少了对立就趋向平衡、和谐。

比如，女主人可以这么想："他只是习惯于混乱，不是来给我捣乱的，既然这样，那就将衣柜分开吧！"男主人有权让自己的衣橱停留在混乱状态，女主人则可以将自己的衣柜收拾得像收纳师整理得那样整洁。理解和接纳可以轻松化解质疑与冲突。

我们需要意识到，每个人都会优先满足自己的欲望和需求。对蓝色有序欲望者来说，过于整洁和有序的环境反而会让他们感到不自在。他们倾向于将干净整洁的环境弄得杂乱无序，所以他们常被认为是环境的"破坏者"。

为了应对差异带来的冲突，我们应当客观地审视他人，认识到需求是可以被管理的，也可以使用工具和手段对其加以控制和约束。

从动机需求理论角度看，在伴侣的选择上，我们应该寻找与自己更像的人，还是与自己互补的人？

以有序欲望为例，两个红色有序欲望者生活在一起比较和谐，但在变化发生时，二人就会面临共同的挑战。

在亲密关系中，我们可以通过创造舒适空间或"找外援"来满足彼此不同的需求，平衡不同需求之间的矛盾，如衣柜分开使用，请家政人员处理家务等。

对有红色有序欲望的人来说，世界就像一个圆规，只能画圆形而难以画方形。他们倾向于严格遵循规则和流程，不打破既定的秩序。

有蓝色有序欲望的人则更加灵活、富有创意，他们能够在不同的规则之间切换，并根据环境变化做出调整。

因此，红色有序欲望者需要学习在方与圆之间找到转变的可能，而蓝色有序欲望者则需要找到灵动性与稳定性之间的平衡。不同的需求都值得被关注和理解，以实现更和谐的共处。

第十一章

动机需求之
安宁欲望

对一件事、一个人追求的是稳定性与安全，还是尽兴与刺激？这体现出来的就是对安全处境的期待与追求。

1.你要稳稳的幸福还是速度与激情

如果邀请几个人以每小时140公里的速度飞驰，你认为他们会对这种人生体验有所期待吗？你恐怕会收到两种截然不同的答案，要么是"太酷了！赶紧让我试试"，要么是边摇头边说"太可怕了"。这就是我们这一章的主题——对安全处境的期待与追求。一个人追求的是稳定性与安全，还是尽兴与刺激？

在茂密的森林中，有一种非常机敏的动物，它总是把耳朵竖得高高的，眼睛不停地扫视周围。突然间，空气中有一丝陌生的气味，这使它立刻进入了警戒状态，身子不由自主地弯曲成弓形，耳朵竖得更加笔直，眼睛直直地盯着周围。它就是黄鼬，俗称"黄皮子"，又叫黄鼠狼，它是一种天生机警的动物，一有风吹草动，它第一时间就能感知到，也能快速反应，从而让自己获得更多的生存机会。

在中国的神话故事中，螭吻作为龙之九子之一，是中国古代的神兽，长着龙头，头上有角、须、鬃；鱼或兽身，身上有鳞片、云纹。它善于瞭望，常被安置在建筑的高处，特别是屋脊之上，这让它能够及时地发现潜在的威胁，从而保护建筑和居民的安全。在古代文化中，螭吻不仅被视为能够吞噬火灾的神兽，还常被赋予辟邪镇宅的寓意。这些寓意都与其警戒性的特质紧密相连，因为只有在保持高度警戒的状态下，它才能及时发现并应对各种潜在的威胁。

在一个高大的圆形围栏斗牛场里，肥壮威猛的公牛被带入其中，它的目光炯炯有神，充满了警惕和怒意，鼻孔中喷出阵阵热气。斗牛士穿着古典庄重又闪耀的长袍，一手持红色斗篷（capote），一手持剑（muleta），在斗牛场中与公牛展开对峙。斗牛士挥动斗篷，引导公牛向前冲，风中翻飞的斗篷和公牛的冲撞形成了鲜明的对比。斗牛士的每一次转身和挥动都伴随着观众的欢呼和叫喊，这充满着戏剧性和艺术感。这就是在西班牙有着悠久历史的斗牛活动。

喜欢这项运动的人将斗牛士视作勇气的象征。在斗牛场上面对体型巨大的公牛，斗牛士表现出无畏的精神，通过战胜恐惧、控制危险，表现出个人的卓越力量和胆量。公牛代表着野性和不可预测的力量，斗牛士则代表了人类的智慧、技巧和勇气，斗牛士与公牛的对抗象征着人与自然的较量，证明人有能力驾驭和控制自然。斗牛场上的每一次出击、闪避都代表着人类有勇气直面死亡，这蕴含着对人类命运、勇气、恐惧和死亡的深刻思考。

人以渺小身躯面对公牛这种庞然大物，随时都有可能被牛角刺伤、牛蹄踩踏，轻则遍体鳞伤，重则导致死亡。赛场上的唏嘘、惊叫与欢呼无不映衬出场面的惊心动魄。对抗和惊险瞬间，戏剧般地拨动人心。为什么人会为紧张感和戏剧性所吸引？这有来自生理、心理以及社会文化层面的影响：

（1）肾上腺素的作用

紧张感和戏剧性常常会引发一种"战斗或逃跑"的反应，这能激活身体内的肾上腺素。肾上腺素是一种应激激素，它会导致心跳加快、呼吸急促、肌肉紧张，从而让人产生一种强烈的兴奋感。在神经系统的进化过程中，人类已经习惯了在面对潜在的威胁或不确定性时做出快速反应。虽然在现代社会，许多紧张情境不再与生存直接相关，但这种生理反应依然会带来快感。看戏剧性场面或体验紧张时刻，人们都会产生这种生理反应，然后产生刺激感和满足感。谨慎小心的人会因为紧张而刺激肾上腺素的分泌，然后产生应激反应；追求刺激的人则会因为肾上腺素的分泌而乐在其中。

（2）情感共鸣与自我投入

紧张感和戏剧性能够唤起强烈的情感体验，让人们与故事情节、角色或情境产生共鸣。在看电影或欣赏戏剧时，观众会将自己置于情境中，通过与角色同悲同喜，从体验更为丰富的情感起伏。这种情感共鸣让人感觉更加真实、生动和有趣。戏剧性往往涉及复杂的情感冲突、道德困境和人性考验，人们可以通过这些间接地审视自己的情感走向。戏剧性情节则可以提供一种"安全的危机感"，让人们在不实际陷入危险的情况下感受到应对挑战和困境的心理快感。

（3）好奇心与对未知的追求

人类天生具有强烈的好奇心，特别是对未知的和不确定性的事物。赛场上的不确定性，戏剧设置的悬念……人们常会被这些未知所吸引，希望知道接下来会发生什么。不确定性使我们的大脑不断猜测，这刺激了大脑的认知系统，使得人们持续关注、参与其中。这种对未知的追求不仅仅是生存机制的一部分，还与我们渴望理解和窥探他人的动机有关。

（4）社交与身份认同

人们喜欢讨论和分享紧张刺激的经历，无论是戏剧、电影、体育比赛，还是个人生活中的戏剧性事件，这些情感体验分享成为社交的一部分，形成了共同的记忆和讨论话题，从而加强了社会联系和身份认同。在娱乐活动中，人们通过观察角色的行为和情感，可以反思自己的经历，从中找到共鸣和认同。对比与反思的过程帮助人们理解自己以及周围的社会，这进一步增强了紧张感和戏剧性带来的吸引力。

（5）自我挑战与成长

戏剧性和紧张感还与人类内心深处对自我挑战的需求有关。紧张时，人们会感受到自我超越的机会。无论是通过观察他人应对挑战，还是自己亲身经历，比赛和戏剧剧情往往涉及情感冲突、道德困境或危险考验，这些都能够激发我们思考自己在类似情境中的表现。这是一种心理上的锻炼，让人感受到成长和自我突破的潜力。

（6）逃避现实与寻求刺激

刺激与紧张也为我们提供了一个逃离现实的机会。平淡、常规的生活有时会让人感到乏味，而这种极致的体验可以为人们带来一种与日常生活不同的刺激感。无论是看电影、电视剧、小说，还是危险性运动，人们都可以暂时离开现实世界，置身于一个充满张力和冲突的虚构情境。

（7）本能的生存机制

从进化角度来看，人类天生倾向于关注危险和冲突，因为这些因素与生存息息相关。即使在现代社会，这种感受仍然能够唤起我们原始的生存本能，促使我们高度关注并准备应对潜在的危险。通过观看电影或电视、小说等，人们能够体验到古老的生存反应，但不需要真的面对危险。

以上这些，除了能够解释为什么会有人愿意观看残酷的斗牛比赛，还能让你明白，为什么有的时候，胆子小的人反而更喜欢看恐怖的东西。现在，你已经非常清楚斗牛运动观看者和表演者的不同心态——是什么让表演者面对危险无所畏惧，是什么让观看者陷入紧张的焦灼状态无法自拔。

黄鼬和斗牛士就体现了两种对自我处境的需求——充满警惕的红色安宁与无所畏惧的蓝色安宁。

"鸱鸮（chī xiāo）不鸣，卬（yáng）自绸缪"，这句话的意思是，"鸱鸮在屋顶上鸣叫，人们便开始修缮房屋"。一种名为鸱鸮的猫头鹰，其叫声被古人认为是灾祸的预兆，当人们听到这种鸟叫时，就会预感到将有坏事发生，因此提前修葺房屋以应对可能到来的风雨。这就是"未雨绸缪"一词的由来，这词形容的是提前作好准备，以应对未来可能发生的困难或挑战。防患于未然，以免措手不及，这也是红色安宁欲望者秉持的精神，他们认为即使风平浪静、一片和谐，也难掩潜在的危机，一旦有风吹草动，他们就会立刻作出判断，规避风险。能规避风险的人，首先要具备觉察风险的能力，所以他们的性格偏向于小心谨慎，会习惯性地担心一些东西（也可以被理解为思虑过多），对风险极为敏感。

试想，斗牛场上的斗牛士无法预料下一秒会发生什么，他们不害怕随时会到来的死亡吗？灵魂被刺激与激情裹挟，享受在刀尖上跳舞，他们怎会害怕？不害怕是真的，随时会毙命也是真的，那究竟是什么支撑着一个人在刀锋上行走呢？

有一种极限运动叫翼装飞行（wingsuit flying），飞行者穿上类似蝙蝠或鸟的特制"翼装"，通过滑翔的方式，在高空中翱翔。没有任何动力装置，仅靠一身特制服装，就可以从高空一跃而下，这听上去简直让人冷汗直冒。飞跃珠峰的"中国女翼装飞行第一人"于音在接受采访时说："你们看到的是我要去挑战人类极限，打破纪录。我看到的是我要去一个人特别少、让人觉得特别平静的地方，去做一件能够让我很安静的事。你们觉得很危险，生命没有了安全保障，可能这就是一件特别傻的事，但我看到的是如果我能在一个地方完成一件自己想做的事，而这为我所带来的心中的平静和震撼，以及将来多年后的回忆，这些可能要比生命安全这件事重要得多。"

这就是蓝色安宁欲望者的世界，这也是肾上腺素给生命的专属馈赠，即所谓的活，就是要以我想要的方式活，这是与红色安宁欲望者截然不同的生命观。

2.焦虑症漫记

螭吻非常谨慎小心，会以最佳状态保护自己和他人，绝对不会把自己置于危险的境地，因此活得更加有保障，更为安稳。生活经验以内的事情对红色安宁欲望者而言是容易接受的，他们视环境变化为敌。敌人来了，就要去为应付敌人做准备。这种心态久而久之就会变成对新事物的排斥、回避，从而阻断了让生活变得更加多彩的可能。稳定性是他们对人生的期待，一旦稳定性和安全感被打破，他们就会变得无所适从。建立在个人经验基础上的似曾相识的东西，可以为他们构建一种可预见的环境。

值得注意的是，纵使红色安宁欲望会给个体带来困扰，但对危机的觉察往往能激发人类的生存本能，使人们采取行动以应对威胁、适应环境，最终确保个体或群体能够生存。远古时代，人们生活在危险的环境中，天敌和自然灾害随时可能威胁生命。在这种情况下，不安和焦虑使个体保持高度警觉，这使人们更容易发现潜在的威胁。这种心理机制可以帮助人类快速做出反应，逃避危险或应对挑战，从而提高存活下来的可能性。当个体感到紧张时，大脑会启动一机制，释放肾上腺素，加快心跳，提高血压，增加肌肉中的血流量。这些生理变化能使我们在面对紧急情况时更快做出决定和行动,提高生存概率。紧张感通常会让人投入更多的精力思考,如何避免问题或摆脱困境。例如,考试前的紧张感促使学生更为认真地复习,工作的压力常常让人更有效率地完成任务。因此,适度的不安和焦虑可以提高人们面对挑战时的反应速度和应对能力。过度焦虑则可能导致相反效果,甚至造成心理健康问题。人类是社会性动物,面对压力和危机时,常会寻求群体的帮助,从而建立起更强大的应对网络。这些群体性帮助,可以使个体在困境中得到更多资源和心理安慰,从而提升其生存的概率。

适度的不安、紧张和焦虑有利于生存,但这些情绪和感受若持续存在,则可能引发问题。如今,人类的危机往往不是短期的生存威胁,而是长期的压力,如工作压力、社交压力或经济压力。这使得人体的焦虑机制从原本的应对短期危机,转变为应对慢性焦虑,这有可能导致身心健康问题,如焦虑症、心脑血管疾病等。因此,在现代社会中,如何调节焦虑情绪,避免其对身心健康产生负面影响,便成为了一个重要课题。

蓝色安宁欲望者所具备的优势是他人所不可企及的。刺激对他们来说是欢乐的源泉,不同的尝试和体验,能带给他们生命的热情,他们对不确定性完全持开放与接纳的姿态,他们的生活注定不是平静如水,而是多姿多彩。蓝色安宁欲望者无惧风险,精神世界广阔,对很多东西都是无所谓的态度。蓝色安宁欲望者的成长机会也孕育在风险管理之中,拥抱不确定性可以成就激情与梦想,但太多的不确定性就会大大提高风险系数。

红色安宁欲望者会比较紧张和谨慎,这种情绪和性格在身体上的表现是"紧",在心理上与其对应的表现就是"压"。任何事物都有极限,比如橡皮筋勒得越紧,就越会限制其韧性,没了韧性就会表现为"脆",那么再施加外力,超出其自身承受范围的话,那结果就是断裂。常在高压环境中生活的人,要警惕自己"断裂"的风险,但压力或外力从某种程度来说并不全是消极的，正如铁人王进喜所言："井无压力不喷油，人无压力轻飘飘。"这也就是说，压力同时意味着动力。

不过，相同的压力作用在不同的人、事、物上，会因"橡皮筋"的差异而有截然不同的结果：韧性好的，能抗压，弹性就大；质地紧实的，会因承受不了压力而崩断。这也体现了哲学的两面性，紧实的东西，会因质地坚实而不容易被入侵，但这也限制了其发展的可能性；弹性大，相应的包裹性也就大，但这也会有试错率高的风险。"春雨贵如油"，润万物，赋生机；雨量大，在山区就有可能形成洪水，造成灾害。人的压力从某种程度上来说，很像雨水，适度的压力让人成长和突破，太大的压力就会给人带来隐患，无法形成正向循环。

3.你怎样定义安全感

蓝色安宁欲望者对未知的、没有尝试过的、没有经历过的、没有感受过的、没有发生过的、新的事物无条件接纳，觉得它们有意思。反之，一成不变的日子会让他们觉得无聊乏味，浪费生命。他们能够去拥抱环境、包容环境，享受环境带给自己的各种愉悦的生命体验，天生没有阻力地自在地生活。

红色安宁欲望者与生俱来的优势就是敏锐的觉察力和规避风险的能力。但因其过度规避风险，想要确保自己处在一个绝对安全的状态，他们就容易忽略生活给予的慰藉和享受，天生自带阻抗地紧张生活。

成年人的安宁欲望对孩子也会产生非常大的潜移默化影响。大人对外界环境中突如其来的事物的反馈机制，会被孩子直接学习。这就是家长被形容为孩子第一任老师的原因。

为人父母时，红色安宁欲望者会因为谨慎和担忧，将对未知事物的恐惧投射到孩子身上，限制了孩子的探索性行为，比如不让孩子去外边玩，"因为外边有很多细菌，会让孩子生病"。孩子长期处于规避风险的行为限制中，他便会对不确定的、看不见的东西有意识地规避，久而久之他就会养成谨慎小心的性格，走在自带压力的成长道路上。

为人父母的蓝色安宁欲望者，行事比较粗线条，会对孩子身处的环境更加包容。孩子常常胆大敢为，百无禁忌，想做就做，做那些被他人称为"冒险的或容易受伤害的事"就在所难免。

一个紧张、谨慎、未雨绸缪的人，内心渴望某种声音或力量成为自己的坚实后盾和支撑。这种声音或力量会让他觉得"我是安全的，是被保护的"。在现实生活中，这种渴望就会表现为对安全感的追求。

值得探讨的是何谓"安全感"，蓝色安宁欲望者的松弛感是红色安宁欲望者所追求的安全感吗？很多人确实是这么认为的，比如一个女生在择偶过程中，会对高大或有肌肉的男生产生好感，因为这种男生看上去是能保护她的，实则非也！一个人的松弛亦或者强大，仅仅是对其自身而言的，与如何对待他人是无关的，不会因为我"有勇气"而去保护身边的你，仅仅与我有关，那么所谓的安全感真正的内涵，是根据每个人的追求而形成的，这也就是说，不同的人对安全感有不同的定义，让你有安全感的是什么这还需要测试，但有一点很明确，那就是身材魁梧不魁梧与安全感无关。

讲到这里，紧张和焦虑的情绪已被识别，那又该如何缓解和释放这些情绪呢？非常有效且无任何副作用的方法就是运动。和压与紧相对的就是松与弛，这其中的"流"很重要，一个是压力流，一个是能量流。能量流能够让我们获得助益，压力流则负责负面情绪的宣泄。你可以通过做自己喜欢的事来影响这两种"流"。

红色还击欲望者会为了争取对自己更为有利的局面而采取必要的行动，蓝色还击欲望者则通常不会太过计较。

1.睚眦必报还是和平主义

战国时期有位重臣名为范雎，他曾是魏国大夫须贾的门客。有次他随须贾出使齐国，齐王听说其才华非凡，便派人携百金重礼登门拜访，齐王之举被范雎谢绝。之后，他却被须贾怀疑通敌卖国，须贾向丞相魏齐告发。范雎在受刑中被打掉了门牙、打断了肋骨，他装死后又被扔进厕所。

在友人的帮助下，他才得以出逃，辗转多国后，他化名张禄，得秦昭襄王赏识，做到了秦国宰相。

范雎当上宰相后不久，就劝说秦昭襄王发兵伐魏。范雎后来听说魏国派来请和的使臣正是须贾，他就化装成穷汉前去相见。

须贾见来人是范雎，吃了一惊，说："你原来还活着！"随后，须贾可怜其处境，以锦袍相赠。

令人没想到的是，须贾随后觐见秦王时，范雎位列堂上。须贾见状惊恐万分，立即脱光上身，跪在范雎面前请罪。范雎特设宴会当众羞辱，将须贾大骂一顿，数完他的罪状后，说顾念锦袍之情，饶了你的性命，但魏齐的人头要送来，否则发兵魏国国都。

消息传到魏国后，丞相魏齐连忙出逃，不过最终其被逼自杀。

这则故事出自西汉司马迁的《史记》，司马迁评价范雎："一饭之德必偿，睚眦之怨必报。"这句话的意思是，范雎受人之恩再小也会报答，仇怨再小也一定要报复，这就是"睚眦必报"。

睚眦是中国古代神话传说中的一种神兽，在龙之九子中排行老二。它龙头蛇身，眼睛突出，怒目圆睁，后世就以此来形容攻击性和报复心强的人。

传说中的睚眦凶猛暴躁，不轻易饶恕他人，遇到哪怕一点点小事也会大发雷霆，甚至进行激烈的反击。

在古代，睚眦常被雕刻在刀剑等兵器上，其象征勇猛和克敌制胜的决心，它还象征着对侵略者的警示和对自身领域的保护。

《大黄蜂》是我非常喜欢的一部电影，它讲述了18岁少女查莉在海边小镇的生活。她一直难以从失去父亲的打击和伤痛中走出，于是渴望拥有一辆属于自己的车，逃离压抑的生活，她也希望车子的轰鸣声能带她回到与父亲在一起的美好时光。

慷慨的叔叔让她带走了一辆废弃的黄色甲壳虫老爷车。在车库里，查莉不小心触动了某个开关，车子竟突然开始变形。震惊的查莉看到眼前的老爷车变成了一个金属战士，顿时手足无措。

原来，这辆车是一名失去记忆的B127战士，查莉如同孩童般害怕地蜷缩在墙角。两个被彼此吓坏的小伙伴就这样相遇了。

查莉很快适应了这突如其来的变化，她拥有接受一切新奇事物的能力，并迅速找到了与B127沟通的方法，她给它起名"大黄蜂"。

某天，查莉和大黄蜂一起出行，在悬崖边遇到了开派对的同学们。男生一眼认出了查莉，邀请她加入，那男生说："我看过你的比赛，你这个跳水冠军一定很厉害！今天有你加入，我们会更高兴。"他说完，便纵身跳下悬崖。

查莉走到悬崖边，看着下面汹涌的海水，想起曾经在跳台旁鼓励她的父亲再也回不来了。她无法面对这种恐惧，只能放弃，回到了自己名为大黄蜂的车里。

这时，一个女生走到车旁，故意揭查莉的伤疤："你怎么开这么寒酸的车？你爸应该给你买辆好车才对。"

查莉心中愤怒，大黄蜂说："必须反击！"于是，大黄蜂决定教训那个刻薄的女生，它带着鸡蛋和卫生纸，来到女生家门口，把鸡蛋打碎，涂抹在女生的车上，最后它干脆跳上那女生车的车顶，踩瘪了那辆汽车。

大黄蜂在逃离的路上狂飙，它被路边测速的警察发现并追逐。警察命令它停车，但大黄蜂碎碎念道："我怎么可能每小时只开55英里呢？"之后它便如闪电般消失，摆脱了警察的追捕。

光怪陆离的神话，是文化和信仰的体现。电影是视听艺术，也是讲述人类故事和探索人性的重要途径。它们都是生活的写照，也是对生活的升华。

我们团队中的一位小伙伴，在河北开了一家培训机构，他是那片区域最早开培训机构的人，又有先进的教学理念，所以颇受好评。但他自己并不享受这样的状态，觉得超级没意思。

直到有一天，雄安新区新政来临，北京的一些知名机构蜂拥而至，使原本平静的小镇进入了一种激烈竞争的状态。

奇怪的是，我的这位小伙伴一反颓势，开始夜以继日地拼命工作，其座右铭就是："要把它们干掉，它们就不应该来我的地盘和我争。"

就是有那么一些人，越是在高度竞争的环境中，越能够脱颖而出。我们将这种对"还击"有强烈欲望的人，定义为红色还击欲望者。

红色还击欲望者，会为了争取对自己更有利的局面，而采取必要的行动。这个群体表现出强烈的竞争意识和进取心，他们不断为自己的目标奋斗。

我们经常讨论一个问题：所有成绩好的孩子都爱学习吗？如果答案是

否定的，那又是什么原因会让一个并不喜欢学习的孩子考第一名呢？答案就是"赢者之心"。当一个人对名次和超越他人有强烈的渴望时，他就拥有了追求胜利的无限内在驱动力。

对比生活中的另一类人：他们走在街上，不小心被人撞了一下或踩了一脚，即使对方不道歉，他们也会选择默默走开，而不是与之理论。他们还会替对方开解："他其实不是故意的，也不是针对我。多一事不如少一事。"崭新的小白鞋被踩了，虽然心有不快，他们却依然选择避免冲突，认为"没必要把矛盾扩大，不然会导致更糟糕的局面"。

对这种倾向于避免麻烦，避免引起不必要的争论和冲突，尽可能让自己处于平和状态的人，我们称之为蓝色还击欲望者。

他们非常不愿被卷入情绪激烈的对抗中，所以他们也常被称为"和平主义者"。这些人更倾向于理解他人的无意行为，不会太计较，也不会要求对方补偿。

反之，红色还击欲望者脑子里想的是："你凭什么踩我？你必须为你这一脚付出代价。说对不起！或者给我一个能说服我的理由！"

这个群体有时被视为"麻烦制造者"，其实他们并不是真的喜欢制造麻烦，他们并不在意麻烦的出现，只是觉得不能让麻烦的事阻碍对公平的追求。

在前面的故事中，大黄蜂为什么会对那个刻薄的女生做出还击呢？因为她的言语和行为，触碰了查莉的痛处。她明知道查莉的父亲刚刚去世，却故意说难听的话，让查莉伤心难过。

大黄蜂的想法是："冒犯了我和我朋友的人，我会给你一个教训，让你知道做错了就要付出代价，并且让你永远记住。"相反，蓝色还击欲望者可能会觉得事情并没有那么严重："她可能只是不知道我的父亲刚去世，她并不是故意的。"

因此，他们更容易选择原谅对方，不愿引发冲突。红色还击欲望者所追求的是一种不被冒犯的公平感，即便维护这种公平需要付出代价，他们也毫不退缩。

他们会因为他人的言行或外部环境而挑起冲突，只为争取对自己而言公平的处境。冲突既可能是人与人之间的，也可能是人与环境之间的，是维护自身立场、自身利益的过程中在所难免的。

2.评估代价和有限包容

先聊聊"冒犯"这个词。大黄蜂为什么会鼓励查莉进行反击？因为那个女生冒犯了查莉。所谓"冒犯"，指的是让查莉在那个时刻丢了脸、出丑，甚至像个失败者。在这种情况下，大黄蜂无法接受，它需要通过行动来平衡这种失败感。

这个故事还有一层含义：大黄蜂渴望一个更公平的环境，她觉得查莉不应该被如此对待。为了争取这种公平，它不在乎会付出什么代价，它不惧怕冲突、斗争，因为它有强烈的胜负欲。红色还击欲望者希望保持不败的地位，一旦有失败的风险，他们就会主动采取行动来平衡这种局面，他们无限渴望与他人一较高下。

这种性格就跟我们前面提到的神话中的睚眦很像，天生好斗，不惧怕冲突存在。对睚眦来说，冲突不会对它产生任何影响，反而激发了它的胜负欲。

在现实生活中，这种想要一较高下的内在欲望，会使红色还击欲望者在竞争激烈的环境和领域中，有更大的胜出空间和更多的机会。

蓝色还击欲望者基于对自身处境的评估，他们更倾向于避免冲突，或选择一种低冲突的应对方式。他们很会权衡冲突的必要性，比如小白鞋被踩脏了，那就只能怪自己运气不好，不必为此纠缠，大事化小，小事化了，以避免不必要的矛盾和冲突。

"和平主义者"善于调和矛盾，化解冲突；擅长对关系做出调整，圆滑处理，使得各方在冲突中找到新的平衡点。他们往往又被称为"和事佬"，擅长寻找解决问题的中间之道，因此他们能够维持良好的人际关系。蓝色还击欲望者能够敏锐地觉察到潜在的冲突、风险，并会主动规避这些可能引发问题的因素，避免矛盾升级。

蓝色还击欲望者通常脾气温和，倾向于以善意解读他人的行为，即使在面对不公平或令人不愉快的事物时，他们也会选择理解与宽容。他们会替对方开脱，来化解自己内心的不快，也让矛盾消失。因此，蓝色还击欲望者在情绪上更温和、平衡和包容。

红色还击欲望者往往情绪如火，有强烈的斗争意识和不怕冲突的态度。他们对不公的忍受度较低，遇事倾向于直面问题，直接对抗。蓝色还击欲望者对冲突天生敏感，他们更希望通过调解或妥协来获得双赢的局面，而不是在争斗中失去什么。因此，他们擅长维持个人、家庭和外界关系的平衡、和谐，更注重共赢的结果，而非争夺和对抗。

红色还击欲望者是极富战斗精神的一群人。当他们认为自己受到了不公平的对待时，他们往往会感到愤怒，产生与对方理论或争论的冲动，有时甚至会升级为冲突。红色还击欲望者有强烈的竞争意识和自我保护欲望，他们渴望胜利，不甘心认输。

这种韧性和斗志使他们在高度竞争的环境中更容易脱颖而出。然而，这个群体需要特别注意的是，如何在现实生活中规避不必要的冲突，所以这个群体应学会评估冲突的代价和必要性。

我就遇到过一个例子。那是一个身高不到1.6米的小姑娘，她在高铁上打电话，被一位正在放行李的乘客踩了一脚。尽管此刻仍在通话中，她还是用力拍了拍对方，并直言道："你踩到我了！"

电话另一端她的父亲非常担心，怕女儿与陌生人发生争执，甚至被人打。她的想法却是："管他是谁，踩我了，就得道歉。"

据她描述，那是一位身高1.8米、身材魁梧的乘客。身高和体型差距如此之大，她也从未考虑过自己处于劣势，仍然据理力争。她事后回忆说："我只觉得不应该被踩，对方该为此道歉。"

在这个故事中，父亲的担忧在于女儿对潜在危险的预判不足，万一对方回手一巴掌，吃亏的就是女儿。而对她本人来说，冲突和冲突的对象压根就不是她需要考虑的，重要的是她得为自己争取应有的尊重。

红色还击欲望者往往充满能量和斗志，他们的动力源于自己被公平对待的渴求，以及在竞争中占据优势的意愿。他们的成长机会也许就在于思考冲突的必要性，比如冲突对自身的影响、自己需要付出的代价等。

蓝色还击欲望者常常维持一种表面的平和，就像小白鞋那件事，被踩的人表面上选择宽容，说"算了"。她觉得如果表现出介意，就会显得自己不够大度。但问题是，她真的不介意吗？不一定。

很多时候，这种人可能并不觉得无所谓，但一考虑到与人争执所产生的冲突、麻烦，他们就宁愿忍让，因为相对于眼前的小损失，他们觉得与人发生冲突是更加不可控的，那样还可能让自己遭受巨大损失。

因此，蓝色还击欲望者更愿意在保持大局和谐的情况下，做出一些小小的妥协和牺牲。妥协和牺牲往往包含着一种对和平与和谐的追求。然而，这样做的风险就是自己真实的感受和底线不能被他人察觉，甚至被误解为"总是退让"、"边界不清"。即便面对连珠炮般的话语，不友善的语气，即使对方并没有什么恶意，他们也更倾向于中断谈话并尽力回避。这类人需要在合适的时机向他人清晰地表达自己的底线，告诉对方哪些行

为是自己无法接受的。

有些人可能会误以为无论怎么欺负蓝色还击欲望者，他们都不会反击，但事实并非如此。需要严肃提醒的是，蓝色还击欲望者选择包容和忍让，是为了维护环境和人际关系的和谐。

他们会在确保自己和身边的人远离危险和威胁的情况下，再去处理事情。因此，他们的包容不是无底线的，而是深思熟虑后的选择。

我们一再强调的是，还击欲望的本质是个体表达自己对胜利的渴望，以及对保持绝对优势的内在需求。但是，蓝色还击群体是否缺乏为自己争取权益的能力呢？并非如此。他们更善于察觉人际关系和事情的平衡点。当涉及核心利益或底线被触碰时，即使性格偏向深蓝的极度避免冲突的人，也会被激发出维护自身立场的强烈意愿和还击动力。

这一点在生活中时常表现为一些极端事件。比如，一位慈爱的母亲为孩子尽心尽力奉献，一直忍让与包容。然而，孩子在成长过程中逐渐偏离正轨，成为影响社会的消极因素。母亲最后迫不得已结束了孩子的生命，母亲不希望他继续危害社会。平时脾气再好、再包容，当面对孩子的极端恶劣行为时，母亲内心深处产生了"结束一切"的强烈愿望。

这种反应源于人类与生俱来的自我保护机制。当遇到极端挑战时，每个人都会被激发出某种反抗性行为。所以，蓝色还击群体并非可以任人欺侮，他们的忍让和包容是有限度的，到达极限时，他们会为保护自己的立场而奋起反击。

还击欲望对学习来说是非常关键的动力，拥有绝对优势的一面，也存在很大挑战。有些孩子天生一副不能输、不服输的态度，针对这种态度，我们可以从两方面考虑。

第一，处于劣势的孩子容易进行情绪输出，比如发怒。这种时候很考验家长，家长需要正确引导，告诉孩子不仅要有"赢"的想法，还要有

"赢"的方法。"赢"是在实践中和策略调整后实现的，光有情绪是赢不了的。

第二，孩子在学校表现突出，家长和老师要从另一个角度有所觉察，那就是成就孩子的也许并不是对知识的渴望，而是必赢的心态，积极的一面是成绩不会掉得很难看，但风险也在其中，万一输了呢？对有红色还击欲望的小朋友来说，在学习和竞争环境中脱颖而出，是他们最希望看到的局面。

同时，家长应引导孩子制订具体的、可行的策略，力促其成为第一名。如果竞争欲望没有得到正确引导，孩子长大成人后，欲望就可能会转化为过于尖锐的情绪反应，戾气油然而生，用拳头带来不良后果。

红色还击欲望者虽时不时被冠以"麻烦制造者"的称号，但这并不意味着他们的行为本质是不好的或负面的。相反，如果这些特质得到正确引导，就可能成为他们追求卓越的动力。

例如，在职业竞技类比赛中，他们能够凭借强烈的胜负欲去夺得冠军。这种高度竞争的环境对红色还击群体来说非常适合，因为他们需要通过努力和制订策略来实现自己的目标。

对有红色还击欲望的孩子，我们要在教育过程中提供正确的引导，帮助他们在以后的学习、工作和生活中通过积极的方式取得成功，而不是靠情绪或暴力去解决问题。胜出的欲望是成功的驱动力，但要通过正确的方法和路径来实现，以确保在追求目标的过程中保持积极、理性的态度。

那么，孩子不争不抢，风险何在呢？有蓝色还击欲望的孩子会表现得比较平和，在与同学相处的过程中，如果有矛盾或遇到对自己不公平的事，他们很难去为自己据理力争，以确保自己受到平等对待。

因此，有意识地培养他们的表达能力，给予他们实用的示范和指导，让他们学会在遇到不公时勇敢地表达自己的感受、立场和诉求，这才是行

之有效的方法。

在亲密关系中，如果两个人的还击欲望反差较大，就会导致关系的失衡。比如，有红色还击欲望的男生比较情绪化，可能会因为一点不顺心的事就对女生大发雷霆，而有蓝色还击欲望的女生与世无争，会认为男生就是那种性格，习惯原谅和包容。

久而久之，女生就会陷入持续妥协和退让的境地。需要警惕的是，尽管人们常给女性与好脾气画等号，但这并不代表所有女性都会无条件地包容他人。在现实生活中，越来越多的案例表明，男生处于被动或劣势的情况越来越常见。

3.在各种关系中调整自我

在高竞争环境中，有红色还击欲望的女性优势尤其明显，比如在销售、市场、竞技等竞争激烈的领域，她们往往表现出色，具有极强的胜负欲和竞争力。

在亲密关系中，有红色还击欲望的一方会以有力量感的相处方式对待另一半，被家暴也可能发生在男生身上。一个人在外部环境中无法实现自我时，这种未达愿望的挫折感便可能会被转移到亲密关系中，激发冲突。

例如，有红色还击欲望的女方可能是销售员或保险经纪人，在职场中，她享受竞争带来的快感，总是希望在业绩、表现上超越他人，成为每个季度、每个月甚至每周的第一名。然而，当这种强烈的胜负欲无法在工作中充分释放时，比如业绩总是阴差阳错地停留在第二名，她可能会把这种输了的情绪带入到家庭关系中，表现为对伴侣的不满和情绪失控。

关键在于，关系中的冲突来源于个人需求在生活中未被满足的生活化呈现。无论是红色还是蓝色还击欲望者，都需要在亲密关系中找到表达自我的正确方式，以避免情绪失控和不必要的冲突。

红色还击欲望还会被投射到工作环境中。如果他们从事的是竞争性强的岗位，例如销售或市场，红色还击欲望者会将强烈的胜负欲投射到工作上，积极追求卓越和成功。但如果工作环境或岗位是相对平和、缺乏竞争的，比如办公室文员，红色还击欲望者可能会变得谨小慎微，不愿与人发生冲突，因为冲突可能会影响自身处境和内心需求。

当赢的欲望在工作中得不到满足时，这种欲望并不会就此消失，而是会被压抑，或者被转移，以寻找新的出口。比如，一个人可能会将工作上的压抑情绪转移到家庭中，以增强对家庭成员，尤其是伴侣的控制，甚至可能演变为对伴侣的精神或身体虐待。

这种情况提醒我们，个体在不同环境中的需求和欲望不能被忽视，必须找到合理的途径来表达和满足。否则，未被满足的欲望就可能在其他关系中爆发，从而带来不可预见的冲突和伤害。

还击需求与职业发展关系密切。比如，有红色还击欲望的女生受环境所迫，选择了一份平和的行政文员工作，岗位要求她处处谨小慎微，不能与人发生冲突。被压制的胜负欲会凭空消失吗？绝对不会，胜负欲只会被转移到家庭环境中，更有甚者，他会对家庭成员施虐。

蓝色还击欲望者不是不会为自己争取有利的处境，而是更倾向于平衡自我和与外界的关系，寻求和谐。他们在面对外界挑战时，会采取更为温和的相处策略。

然而，即使是蓝色还击欲望者，当底线被触碰时，也会毫不犹豫地进行反击。这就是为什么一个平时脾气温和、忍气吞声的人，会在某些时刻表现出强硬的一面，甚至做出与平时截然相反的行为。蓝色还击欲望者要学会理性、客观地表明自己的底线，只有能够清晰地告诉他人什么不可

以，这才能让他人明白我们并非"无欲无求"或"好欺负"。

这不仅有助于建立长久且稳定的关系，保持关系的和谐，还能有效避免冲突再次发生，从而在长期相处中建立更好的互动机制。

"还击"往往包含一种锐气，一种让人望而生畏、退避三舍的气势，同时暗藏着暴力或极端的因子。当一个人充满锐气时，他在生活中往往很容易被情绪困扰，这种情绪更多地表现为一种不服输、不认输的内在驱动力。

在情绪的推动下，他可能会取得很多成就"想赢的人运气都不会太差"在这里，我们再补充一点：红色还击欲望代表一种能量，这种能量需要一个流动的空间和合理的发泄机制。

释放空间是红色还击欲望者的生存基础，有发力就要有受力，那么，如何创造有力量释放的环境呢？这就要提到经营自我需要考虑的关键点：当你想要挥拳时，你就要有机会打出去，并且还要尽可能地避免冲突和伤害。那么最好的方式，就是把拳头打在沙袋上。

在不压抑自我需求的前提下，让自己变得更开心，从而实现生活、工作的和谐，简单来说，就是找到发挥力量的空间。挥拳的对象是人，那问题就麻烦了，但如果是沙袋，那就完美了。因此，我们需要客观地评估个体的价值和发展空间，明确价值取向和追求所在，从而提供完美的解决方案。

如果是一个兼具红色求知欲望、红色还击欲望的孩子，家长可以鼓励他参加辩论赛，因为红色求知欲望强调了"智力雄辩"，红色还击欲望是对比赛胜利的渴望。辩论可以让他充分发挥缜密的思维与逻辑优势，还能让他在追求胜利的过程中找到自己的"用武之地"。这样做不仅满足了孩子的欲望，平复了其旺盛生命力带给家长的挑战，还为孩子开拓了更为广阔的发展前景，搞不好下一个外交家就此诞生。

　　每种欲望者都有相应的优势、劣势和成长空间。我们的目标不是简单地让一个有力气的人随意宣泄，而是帮他找到一种不具伤害性的、愉悦的体验，让他有满足感和成就感。这种体验如果能够带来进一步的积极成果，就会让一个人更加乐在其中，从而缔造完美的生命状态。

　　运动欲望是对体育运动的欲望，它是一种对肢体活动状态的内在需求。运动就是他们兴奋和动力的源泉。

1.精疲力竭也快乐

顾名思义，运动欲望是对体育运动的欲望，它是一种对肢体活动状态的内在需求。

《功夫熊猫》中阿宝的设定，可不是为了迎合影视作品的艺术效果，它是现实中大熊猫的真实写照。

熊猫体型庞大，却能够以出人意料的敏捷性完成高难度的动作，从空翻到旋转踢，游刃有余。它的动作虽然不如传统武术大师那般优雅，却充满了力量和韧性。

它那笨重的身躯与灵巧敏捷的动作，形成了强烈的反差。圆滚滚的体型和憨厚的外表常常让人低估它的能力，而一旦施展功夫，它便会展现出令人惊叹的速度与力量。

熊猫擅长攀爬，用强壮的前肢和锋利的爪子轻松地爬上树并在树枝之间移动。被镜头捕捉到的熊猫，通常步伐缓慢、悠闲，但如果遇到危险，它就能以惊人的速度奔跑。

令人意想不到的是，熊猫还是一名游泳健将，河流湖泊不在话下。虽然憨态可掬，但它仍然属于猛兽的范畴，有着惊人的咬合力，不仅可以吃嫩笋，还能吃很硬的竹子，而且它们能保护自己免受捕食者的攻击。

在面对入侵者的时候，熊猫会表现出敏捷、灵活、快速的一面，能获得更多生存下来的可能。对熊猫这种可爱的生命，我喜欢用"矫健的胖子"来形容它。它虽然体形圆润，但动作充满了力量和技巧，展现出了一种"柔中带刚"的魅力。它能够巧妙地利用自己的体重和惯性，将笨重转化为优势，以独特的方式击败对手。

自然界中有些动物可以作为"速度"的代表，比如有"优雅猎手"美誉的豹子。豹子是陆地上奔跑速度最快的动物之一，它们发达的四肢爆发力极强，拥有出色的加速能力，以及瞬间发动致命攻击的能力。

动物界还有一位成员——袋鼠，它们素有可爱的"大脚怪"之称，人们对它们的记忆停留在大大的育儿袋和出色的弹跳力上，可你知道吗？袋鼠的奔跑能力居然不输"优雅猎手"！

可能有人会说："不可能！豹子看起来更健壮、更凶猛，它一定是更快的那个。袋鼠那么笨拙，还'拖家带口'的，怎么可能快呢？"

豹子有黄褐色的皮毛，在捕食猎物的时候，通常先隐匿在草原或森林里，再悄无声息地接近猎物，静静地等待发动攻击的最佳时机。发达的肌肉支持它以每小时97公里到112公里的速度冲刺。

这是一个什么概念？我们在高速公路上开小汽车，最高限速是每小时120公里。这也就是说，豹子奔跑的速度几乎可以达到你在高速公路上开车的最高限速！但是，这种冲刺状态对豹子而言仅仅能够维持30秒的时间或600到800米的距离；超过800米或30秒，进入长跑模式，速度便降为每小时50公里到60公里。豹子几乎不会选择长时间奔跑，所以在跑这件事上，它虽然快，但只跑一下。

再来看看袋鼠。袋鼠有一双大脚和强壮的后腿，因此得名"大脚怪"，人们还形容它为"跳跃的高手"或"弹跳如飞"，短距离奔跑的最高速度可达每小时48公里到56公里，长距离奔跑速度可达每小时20公里到

25公里。

单纯看这组数字，还是豹子跑得快。但是，别看袋鼠跑得慢，袋鼠却能够在这个速度下保持较长时间的移动，以持久力胜出。豹子是短跑冠军，几乎不长跑。袋鼠呢，短跑不差，长跑更优秀。

作个对比，1万米长跑，豹子前800米跑了26秒，然后弃跑；袋鼠前800米跑了52秒，剩余距离用时22分钟完成万米长跑。所以究竟谁能胜出呢？那就要交给时间去检验了。

熊猫也好，袋鼠、豹子也罢，它们在自然界中都受生存法则的限制，它们有"不动"的可能吗？这是个非常好的问题。

每种动物都有习性，正如个性差异广泛存在于人类社会。豹子短距离冲刺是为了捕食，我们可以称之为有目的性的运动。而因为喜欢"动"，袋鼠还有个称号——永不停歇的弹簧，它们精力旺盛，像一个巨大的弹簧，永远充满能量。运动对袋鼠而言就是"真爱"般的存在了。

在人类社会中，有永动机存在吗？

经常泡在健身房里的人，都是很喜欢运动的吗？一种声音是："其实也没有，只是年纪大了，代谢慢了，不运动，身材就走样了。"另外一种声音是："对，必须喜欢，一天不去就难受。"

动物奔跑有主动、被动之分，人健身有享受其中和为现实所迫之别。支持袋鼠成为跳跃高手的是它们强健的后腿，以及又长又壮的尾巴。

豹子的爆发力极强，肌肉发达的四肢为其提供了出色的加速能力。

对长期浸泡在健身房里的人来说，外显的肌肉、马甲线、健壮体格无疑是对他们的犒赏，其精神状态则是积极向上，充满精、气、神。

运动就是他们兴奋和动力的源泉。当行为和注意力都集中在运动这件事情上时，在不运动的日子里，他们就会非常难受，仿佛生活中缺少了非常重要的事情，让人提不起精神。

运动就会让人流汗，执迷于运动的人享受在运动中大汗淋漓的爽快感，对与肢体和运动有关的事物，他们一般不会拒绝。你可能会问，每一天都在健身房里待4个小时，难道不会累吗？非常喜欢运动的人可能会说："不会啊！这多有意思，这会让你变得更加强壮。"

2.用眼泪和汗水净化身心

英文里有个词叫exhausted，意为精疲力竭，形容一个人在身体或精神上已经到了极限，没有精力再继续做任何事情。

这个词通常被用来表达极度疲惫的状态，通俗地讲就是"身体被掏空"。然而这种感觉就是红色运动欲望者所追求的。

神奇的人类为何会喜欢这样的感觉？

第一，极致运动下的疼痛或虚弱感是直接且真实的，你会毫无障碍地看到"自我"的存在。

第二，运动的极限状态可以使人打破并走出舒适区。

第三，战胜"不可能"时，人就看到了自己可以改变世界的力量。

第四，身体的极度疲惫会让思维进入更为安静内省的状态，人变聪明了、敏锐了，就能强化"存在感"。

第五，疲惫感让人关注自我。常言道："人体会说话。"人通过对身体的感知、自我突破、成就感的获得以及内心的沉淀，进一步觉察到了自身的存在。这种直接、强烈的自我体验让人感到自己正鲜活地存在着，即使是疲惫感这种负面的体验，也是一种生命力的表现。

生活中还有这样一类人，他们在与你交谈时，似乎永远处在入睡的边缘，一句话未完就已哈欠连天。面对此景，你不禁会问："你昨晚加班了还是没休息好？"他们或许会淡然地回答："睡得还行，就是困！"这并非简单的春困秋乏夏打盹冬长眠的自然现象，而是一种常态化的疲惫，让人不禁想要深入探究其真实的生活状态。

从生活习惯的层面来看，这类人往往倾向于"保存体力"的生活方式。所谓保存体力，并非消极怠工，而是一种在方便时懂得收敛能量、适时休憩的智慧。这类人更倾向于在宁静中恢复体力，而非在运动中消耗体力，他们体现出了一种对身心平衡与内在安宁的追求。

对于拥有这种蓝色运动欲望的人来说，他们偏爱轻松和谐、舒适度高的生活环境。在他们看来，减少不必要的体力劳作，让身心得以充分休息，才是生活的一种理想状态。

若非为生活所迫，他们更倾向于选择静谧的生活状态，让心灵归于平静，而非投身于剧烈的体力活动。因此，避免做让人汗流浃背的剧烈运动，追求宁静与安详，成了他们生活的首选。

红色运动欲望者如同燃烧的火焰，充满活力与动感。他们不仅是好动的代名词，更是精力的化身，无论是孩童还是成人，你都能在他们身上看到那种永不满足、持续探索的精神。

对这类人来说，肢体的活动不是消耗，而是一种享受，他们乐于通过运动来塑造健康的体魄，欣赏并自豪于身体线条的流畅与肌肉的张力。

因此，"大汗淋漓"对他们而言非但不是负担，反而是成就的象征，是他们尽情释放活力、展现强健体魄的标志。红色运动欲望者以行动诠释了对生命的热爱与对健康的追求。

豹子那飞驰如风的姿态、强健的体魄与流畅的线条，足以令人赞叹它是速度与力量的完美结合，而这种具有冲击力的美感，正是红色运动欲望群体所向往的。

他们的"速度"不仅体现在运动上，更在于对事物的快速反应与高效处理。他们擅长在瞬息万变的环境中迅速做出判断与行动，这也展现出了他们非凡的敏锐与果敢。

红色运动欲望群体往往对生活抱有极高的热情与积极性，他们乐于通过肢体的活跃来表达对世界的热爱，享受每一次全力以赴的挑战与突破。

这种对"动"的偏好也反映出他们在职业选择上的倾向。对需要高强度体力与快速应变的工作，他们非但不感到畏惧，反而视其为展现自我、实现价值的舞台。对他们而言，工作不仅是谋生的手段，更是展现活力与能力的途径。因此，即使工作再辛苦，他们也能以饱满的热情和坚定的意志去迎接工作，享受每一次挑战带来的成长与满足。

相较于活力四射的红色运动欲望者，蓝色运动欲望者则显得更为内敛与闲适。他们追求的是肢体上的解脱与放松，倾向于远离过度的劳作与体力消耗。

这类人对需要大量体力投入的工作往往持回避的态度。在面对体力工作或活动时，蓝色运动欲望者可能会显得稍微迟缓一些，这并不是因为他们缺乏能力，而是因为他们本质上对需要投入体力的事物意愿不足。

保存体力、追求舒适成了蓝色运动欲望者的一种生活方式。他们更倾向于在休闲与放松的状态下享受生活，而不是像红色运动欲望者那样追求速度与激情，挑战身体极限。这种差异，正是不同运动欲望群体在生活方式与价值观上的独特体现。

红色运动欲望者以其高度的活跃性和勤奋给人留下了深刻印象。他们乐于通过肢体活动来挑战自我、保持健康，这种高强度的锻炼不仅塑造了他们强健的体魄，还赋予了他们无限的活力。

在他们的世界里，运动不仅是一种生活方式，更是追求健康、释放能量的一种途径。因此，红色运动欲望者往往给人一种精力充沛、健康向上的印象。

蓝色运动欲望群体则截然不同，对他们而言，能休息就不要活动。他们追求的是一种身心的平衡与和谐，但这可能会让他们的肌肉看起来相对松弛，少了红色运动欲望者那种紧致的线条。

然而，这并不意味着蓝色运动欲望者就缺乏活力或精、气、神，只是他们的活力表现方式不同而已。当然，一个人如果过于追求舒适与放松，忽视了必要的身体活动，就确实有可能会被认为是懒惰的或缺乏积极性的。但这也需要具体情况具体分析，因为每个人的生活方式和追求都是不同的。重要的是找到适合自己的平衡点，保持身心的健康与和谐，既不过度劳累，也不过分安逸。

红色运动欲望者的积极表现不胜枚举，譬如exhausted状态下一箩筐的好处，但风险在哪里呢？风险就在过度损耗带给自己的身体上劳损。

蓝色运动欲望者避免了高强度体力工作的压力，行动上稍显缓慢，做事时会感到辛苦和疲累，但是"节俭"使用身体的直接好处，就是照顾好了自己的身体，规避了过度损耗的风险。

运动欲望直接关联健康。红色运动欲望者通过使用体脂秤等工具，让身体指标可视化，比如可能直接看骨骼肌含量、体脂率等指标的数据。因此，红色运动欲望者可谓健康维度的典范。

蓝色运动欲望群体在追求身体舒适与放松的同时，可能忽视了身体机能的健康发展。这种基于过度保护而非积极挑战的生活策略，可能会限制其身体的活力与潜力。无论是肌肉力量的提升、骨骼韧性的增强，还是整体能动性的拓展，都可能在这种保守的应对策略中受到制约。

蓝色运动欲望者享受身心的宁静与和谐，但也可能因此错失让身体达到更佳状态的可能。无论是积极挑战、强身健体，还是宁静致远、身心和谐，都是应当受到尊重的个人选择，关键在于找到平衡点，让身体在适度的锻炼与休息中达到最佳状态。

运动与生存有关，运动与健康有关，运动还与工作和家庭表现有关。在职业发展和岗位选择上，红色运动欲望者将身体视为一种荣耀与力量的象征，对身体的崇拜使他们不在乎多做一点，也就是说，他们不拒绝体力上的付出，比如经常出差。

红色运动欲望者会因为没有办法释放身体的能量而显得状态不和谐。虽然他可以通过健身来排解这种压力，但如果有可能，他会优先考虑有更多运动机会和耗费体能的工作，即使这份工作没有那么光鲜亮丽，不能给他带来多么高的社会地位。

反之，蓝色运动欲望者会青睐坐在一个位置上保持不动的工作，他们在家庭生活中的一种可能的表现，便是避免做烦琐的家务劳动。

个体作为社会的产物，如今承受着来自经济、国际局势、社会变革、科技等方面的多重压力。这些压力包括工作、财务、生存的压力，恋爱、婚姻、社交的压力，还有更广泛的社会结构和权力关系等摸不着的东西所带来的压力。

人在高压环境中，势必会产生某种积极的动力，但是当压力过大的时候，就会有一些负面的东西出现。这就像身体里有脏东西，一定要让它出来，否则它就会在身体里作乱，让人生病。压力有时候也来自"求而不得"，以及应对冲突和挑战过程中所形成的紧张、压抑、伤心等情绪，它们都属于"脏东西"的范畴，正所谓心灵之屋若藏污纳垢，必须想法释放，以免其负面效应日积月累，对个体造成深远的伤害。

"排毒"刻不容缓，无论在生理层面还是心理层面，方法都不少。泪落千行心自宽，就是人体这台精妙机器的玄妙所在！人在难受的时候，不用教就会用的应对方式就是"哭"。

大人教育小孩子的时候会说"别哭了，没出息"，而在成年人的世界里，哭反而是被鼓励的。从尊严方面讲，"男儿有泪不轻弹"，但是就情感压力而言，"垃圾"还是早点丢掉为好。

研究表明，眼泪中含有皮质醇，这种压力激素可以通过哭来释放，尤其是在情绪激动、压力积累到一定程度时。哭是释放情感压力的自然途径，是不花钱的好方法。

同样安全且实用的方法，还有"排汗"。适度的体力活动可以释放身体的能量，减轻压力引发的紧张感，缓解肌肉僵硬。让身体流汗，代谢就快了，垃圾少了，身体就会越来越干净。

哭是人的本能，释放压力毫不费力；运动纵有千般好，但也有麻烦之处，麻烦就在于不是所有人都享受运动。

在快节奏、高压力的社会环境之中，完全无压的生活状态难以实现。一个红色运动欲望者，纵使遇到很多的不如意与困境，也能够通过让身体动起来的方法"扔垃圾"。反观蓝色运动欲望者，则更应关注是否具备足够的自我调节能力，以应对不期而遇的挑战与困扰。

3.运动之于教育

运动意义深远，如同一座巨大的宝库，等着我们去发掘与探索。从家庭教育的细微之处，到缓解成年人生活中的焦虑与隐忧，运动习惯的培养始终起着积极的作用。这是因为运动在减压方面效果显著，在更深层次上，它触及了人格塑造与个性发展的核心。

西方主流教育理念对运动的重视程度超乎寻常。运动能够促进身体健康、增强抗压能力，对孩子的个性塑造也有独特的贡献。

运动作为一种全能的方式，能够锤炼孩子的意志力，教他们在面对挑战时冷静从容、坚韧不拔。尤其是团体运动，孩子们能从中学会协作、沟通与信任，这些宝贵的品质将伴随他们一生，成为他们人格中不可或缺的部分。

更重要的是，运动能给孩子们提供观察世界、理解人性的独特视角，教会他们在差异中寻找共鸣，在互补中共同成长，这也是运动的核心精神——协作之所在。

在这个过程中，孩子学会了欣赏他人的独特个性，无论是优点还是不足，孩子都能以更加宽容和理解的心态去接纳。同时，运动会激发同理心，让他们学会关注并帮助那些处于弱势的伙伴，共同克服困难，实现团队目标。

我非常乐意看到在当今中国的教育环境中，运动项目如雨后春笋般蓬勃发展，体育的受重视程度日益提高。无论是在体育场里、街头广告上还是电视屏幕中，运动的身影无处不在。

强烈的运动欲望虽能激发无限动力，却并非促发运动行为的唯一因素。每天泡在健身房里，也许"只因热爱"，对他们而言，运动不仅是日常，更是灵魂的滋养，一日不练，便觉得生活少了些许滋味。

也可能是"为了美丽，为了健康"，视运动为实现目标的有效工具，虽不像前者那般享受运动的每一刻，却深知运动对塑造健康体魄与曼妙身姿的重要性。他们以一种目标导向的方式，坚持运动。

蓝色运动欲望者同样会参加运动，只是驱动力源自其他诉求而非运动本身。比如完美身材、活力充沛、好的皮肤、健康的身体，或是对自我价值的肯定，运动则是他们达成这些目标的不可或缺的手段。因此，即便是蓝色运动欲望者，也不意味着他们缺乏运动的潜力或能力。实际上，通过设定合理的目标，激发内在动力，他们就可以"动起来"。好比一个胖子，你直接要求他每天都运动，难以奏效。

　　我们需要深入了解他的生活背景、心理状态等，让运动成为他实现理想生活的自然选择，而非沉重的负担。这关键在于，我们需要深入了解并尊重每个人的独特需求与期望，找到能够激发其运动热情的终极目标。

你是否有过"没有一顿饭解决不了的问题，一顿不行就两顿"的生活体验？这说的便是人们的食欲欲望。

1.一顿饭就能解决的问题

"前无古人，后无来者，以碾压的姿态比肩横空出世的顶流""每天一小段，笑上一整天"……听到这些话，你大概率会以为是某个小广告。但这就是无数次带给我乐趣和持久满足感的"大熊猫吃播"，你敢说你不喜欢？静静坐在那里的大熊猫，用胖嘟嘟的小爪子握着竹笋，像极了一个手捧心爱蛋糕的宝宝，小心翼翼地，生怕弄掉了。它用牙齿一层一层地剥开外层的皮，样子认真，然后放进嘴里，每一口，都发出咔嚓咔嚓的声音。它一边嚼，一边挑选更合适的地方"下嘴"，动作不紧不慢，专注且认真。每吃完一根，它就稍稍停顿，接着物色下一根。如此反复，仿佛它一天的主要任务就是专心吃竹子。

我一直看它吃，就能坐拥满足与幸福。为什么我如此喜爱？我想原因有很多，其中之一就是这类场景具有独特的视觉和情感吸引力。身体圆滚滚，毛色黑白相间，爪子紧握竹子，慢慢咀嚼，专心地吃，这本身就是一场视觉盛宴，让人感觉放松、愉悦，这像极了人们享受美食的过程，很容易激起人们的共鸣。熊猫平静从容的状态，与快节奏的现代生活形成反差，可以让人瞬间摆脱压力。

中国自古便有"民以食为天"的说法，饮食大于天。这就是这一章的主题——食欲。

你是否有过"没有一顿饭解决不了的问题，一顿不行就两顿"的生活体验？吃饭真的能解决问题吗？恐怕有些问题是吃一辈子的饭也无法解决的，但在面对压力或问题时，吃饭所带来的短暂放松和愉悦感确实能够缓解焦虑，使人得到放松。吃一顿好饭，可以让人暂时忘却烦恼，然后以更加轻松的心态面对问题。吃饭为何拥有如此大的作用？那就让我们先看看食物及其富含的营养对人的影响吧。

第一，食物是人体所需能量、营养的主要来源，可以保证人体免疫系统、神经系统以及心血管系统的正常运行，影响人的激素水平，帮助身体的生长与修复。营养均衡可以降低患上多种慢性病的风险。

第二，食物对人的心智影响深远。进食过程可以带来愉悦感，特别是当食物符合个人口味或和亲友分享时。食物的味道、香气能影响人的情绪，比如食用巧克力等甜点，能促进大脑分泌多巴胺，使人产生心理上的满足和快乐。食物也是与家庭成员、朋友之间情感的黏合剂，有助于调节情绪和提升应对压力的能力。

大脑是身体中能量消耗最大的器官之一，以葡萄糖为能量来源。稳定的血糖水平对维持大脑功能至关重要，均衡的饮食能够帮助稳定血糖，从而保障大脑的认知功能和情绪稳定，这也正是为什么人在饥饿的时候会引发低血糖反应，变得易怒或易做出攻击性行为的原因。食物中的营养成分直接参与神经递质的合成。比如，氨基酸是合成血清素（一种调节情绪的神经递质）的原料之一，维生素B6、B12和叶酸等也对神经递质的合成有重要作用。我把以上这些称作"吃出来的情绪"。

食物对大脑和激素的影响，在心理上会有不同表现。Omega-3脂肪酸、维生素D、维生素B12、铁被发现与减轻抑郁症和焦虑症相关。例如，维生素D缺乏与抑郁症状的加重相关，缺铁则可能导致疲劳和情绪低落。

抗氧化剂（如维生素C和维生素E）可能对减轻焦虑和改善心情有帮助。富含抗氧化剂的食物（如浆果、坚果）可以减轻氧化应激，使脑细胞免受损害，从而保障认知功能，包括记忆力和学习能力等。镁、维生素C和维生素B族等营养素有助于调节体内的压力激素，从而缓解压力对心理健康的不良影响。

这些问题都可以通过调整饮食结构来改善。以水果、蔬菜、谷物、坚果、橄榄油和鱼类为主的地中海饮食与较低的抑郁症风险相关。在该饮食模式中，鱼类、亚麻籽和核桃富含Omega-3脂肪酸，Omega-3脂肪酸和抗氧化剂对大脑健康和心理健康有益。蓝莓、草莓、胡萝卜和绿叶蔬菜有助于减轻氧化应激，保护脑细胞，维持良好的认知功能。

越来越多的研究显示，饮食干预可以作为心理治疗的辅助手段。热汤、甜点对人的心理具有安慰作用，尤其当人处于高压或情绪低落时，这些食物能提供心理上的安慰和放松。

第三，饮食是文化的重要组成部分。每种文化都有其特有的饮食习惯和食谱，反映了历史、地理和民族特色。在许多文化中，饮食习惯和餐桌礼仪都是社交礼仪的重要组成部分。节日、庆典和仪式常以特定的食物为核心，比如中国人过年必须吃饺子。

2.你是真的饿了吗

在日常生活中，我们不难发现人们对食物的需求状态千差万别。设想一个场景，当你与友人共赴朋友家做客，行至楼梯间时，一阵诱人的香气让你不由自主地赞叹："什么味道？好香啊！"甚至让同伴怀疑你饿了。这里面真实的情况有两种：一种是你真的饿了；一种是虽然你们刚刚吃过饭，但此刻闻到香味，你还想吃。有的人有食欲，仅仅是饥饿带来的生理反应；有的人吃饱后，也抵挡不住食物的诱惑，那可能是源自内心的欲望。

"浓浓的肉香伴随着黄油的香气，还混合着一种果木的清香。外层微微焦脆，切开时，粉嫩的肉溢出汁水。一口咬下去，又弹牙又软糯，肉汁在口中四溢，牛肉的弹性与脂香带来层次丰富的口感……"

此刻，我默默地咽着口水，因为讲的人将感官体验细腻地融合了进来，有温度，有质感，最关键的是他融入了感情。

红色食欲欲望者拥有美食家的特质，他们有敏锐的味蕾和品鉴能力，如果你委托他做你的美食向导，他会如数家珍般列出一大张清单带你去体验。

他们享受食物带给自己的快感，认为食物是一种奖赏与馈赠。他们喜欢与别人以这种方式建立感情，也喜欢以"带你吃好吃的"来向他人表达感激。

吃饱之后对食物就没有任何想法的人，一日三餐就足够了，没空的时候，吃就是不值一提的事。一个来访者曾晕倒在我的咨询室里。我问他中午吃了什么，他说忘记了；问他早餐吃了什么，他说想想看，似乎也没吃。还有个来访者跟我说上周去了趟医院，不知道为什么身体没力气，后来他吃了顿烧腊饭就恢复了体力，他这才恍然大悟：原来是饿的。这就是典型的蓝色食欲群体。一样工作、一项任务、一份报告，都有可能让吃为其让路。"这个世界上有太多比吃更重要的事情，只要不饿就好。"这个群体有个特质：对吃，以及食物的味道、质量，都没有那么高的要求。每天吃相同的食物，他们也不会抱怨。

红色食欲欲望者对食物的品质、种类、味道等有清晰明确的期待。和一个食欲旺盛的人一起加班，你只干活不提吃，你猜他会安安心心地工作吗？恐怕很难。红色食欲欲望者在饿的时候，大脑会飞快运转，脑子里的画面全是好吃的，饿着肚子工作于他而言是违背人类意志的行为，仿佛被剥夺了快乐的权利。

有红色食欲欲望的人喜欢食物带给自己的愉悦感，擅长烹饪，对食谱、食材特别感兴趣，乐于为自己和他人烹制美味。他们对餐厅也很是着迷，味蕾的冲击充满诱惑。徜徉在味道浓郁、丰富多样的美食世界中，闭上眼，呼吸里全是食物独特的气息。对他们而言，吃饭不仅是生存需要，更是生活中的一大享受与期待。反观蓝色食欲欲望者，他们对食物的态度则显得随意许多。只要不饿，便对食物不挑不拣，麦片、饼干等简单的食物即可让他们满足。在条件有限时，他们展现出极强的适应力。随遇而安与自我满足，正是蓝色食欲欲望者独有的个性魅力。

在人与人相处的过程中，食欲欲望不同也能引发冲突。我的父母就是对食物有不同期待的两个人。我父亲是一个天生的美食家，母亲是一个传统的家庭主妇。在物质匮乏的年代，家庭主妇的责任就是做家务，照顾孩子，还要挣工分。她一边劳作，一边照顾我们，还能把日子过得红红火火，我那个时候就觉得母亲是超人般的存在。在这种情况下，效率一定是法宝，比如她会包包子，一大锅包子解决了一天三顿饭，省下来的时间就是生产力，这就是我母亲的生活哲学。父亲一直工作在外，用餐时间规律，一顿都不少，有应酬也常去餐厅。这样的经历培养了父亲对美食的"追求"。当父母都已年迈退休，母亲依然保持着"高效"的厨房本领，结果就是经常顿顿吃剩饭，而父亲只愿吃新鲜的、刚出锅的饭菜，"连顿"吃的话会发怒。所以，家庭战争经常在餐桌上爆发。吃饭这件事貌似不起眼，却足以影响人的幸福指数和生活状态。

我曾经有一段时间为他人作美国留学规划，经常有家长会跟我说："你就帮孩子选一所排名靠前的大学，位置都能接受。"但在实际接触过程中，我发现有些学生特别有生活热情，常常和我念叨着去吃各种美食，还会带吃的给我。孩子对美食情有独钟，这种情况，我能随便帮孩子选学校吗？真的让孩子去了美国中部大乡野可还了得？选学校这个问题恐怕只是家长的一厢情愿。异国他乡求学对孩子而言绝非易事，得不到美食的慰藉（快乐），他以何种力量（动力）去面对生活、学业的挑战？父母觉得是小事，却会给孩子将来的心智成熟带来一定的障碍，很多时候，青少年心理问题是家长在资源配置中有失客观导致的。

学业也好，工作也罢，都要考虑欲望在环境中被满足的可能性。红色食欲欲望者若拥有对食物的超强品鉴力，就有更多的机会在餐饮及相关行业、领域中有所建树和发展。

我曾经帮助过一个初中生，他在小学五年级的时候就在家举办西餐派对，以法餐标准盛情款待了十几位朋友，整场聚会的西式佳肴皆出自他那双巧手。这份对烹饪的热爱与天赋，如同璀璨之星，如此显著的才华与内在的热情让我为之折服，于是我为他探索了一条属于他的成长路径，助他进入了美国一所享有盛誉的、专注于烹饪与餐饮管理的高中进行深造。在那里，他不仅高质量地完成了作品集，还赢得了顶尖学府的青睐。

有人可能会质疑，进入顶级学府只为成为一名厨师？对此，我要分享关于布朗尼蛋糕的故事。

富翁希望自己的儿子接手家族企业，为此他尽心培养孩子的管理能力，期待他有朝一日步入商界。然而，在孩子上初中的某一天，父亲发现儿子对食物和烹饪表现出了浓厚的兴趣。虽然父亲对此感到无奈，但他很明智地选择了不贸然干预或批评的态度，而是默默观察。

然而，富翁内心深处依然怀有期望。于是，在儿子申请大学的时候，他私下对那些烹饪学校和厨师专业进行了"暗中操作"，确保儿子无法入学。他希望儿子走上一条传统的管理道路，然后继承家族事业。隐秘的干预最终成功了，孩子进入了综合性大学，学习了父亲期望他学的管理课程，并顺利进入了家族企业工作。

表面上，一切都按照富翁的计划进行，但他心里始终感到有一种缺失。他渐渐意识到，儿子虽然在公司里表现出色，却从未在工作中展现过真正的快乐。那种源自内心的满足和喜悦，仿佛早已消失在儿子曾经的梦想中。

一天深夜，富翁因病无法入睡，起身去厨房拿水。走到门前，他发现厨房的灯光微弱地亮着。透过窗，他看见儿子正在灶台前忙碌，忙着制作巧克力布朗尼蛋糕。富翁看到儿子的脸上浮现出了久违的微笑，那是一种发自内心的喜悦，仿佛此刻，儿子找回了真正的自己。

父亲在那一瞬间被深深打动了。他意识到，儿子真正的幸福并不在家族企业里，而是在厨房里。次日，父亲与儿子进行了一次坦诚的对话，他坦白了当年暗中操控儿子入学的事实。儿子没有愤怒，而是沉默良久，最终，他决定辞去公司的职务，去追寻自己真正的梦想，进入餐饮行业，专注于自己热爱的事业。

从那时起，儿子在烹饪世界中找到了属于自己的成就与快乐，父亲则学会了接受与尊重儿子的选择。最终，父子二人在不同的道路上都找到了内心的平静与满足。

这则故事告诉我们，对个体来说，欲望、需求和动机本身并没有绝对的好坏之分。在当今社会，经济水平、生活方式和竞争环境都发生了巨大的变化，正因为如此，家长才不能再用过去那种固化或僵化的思维来规划孩子的未来。若孩子能在自己擅长的领域找到乐趣，并乐于将时间与精力投入其中，那么这种热爱和满足感，将在未来帮助他们应对生活中的压力和挑战。因此，尊重个体的兴趣与追求，可能比强行让他们遵循传统的成功路径更为明智。

3.不同食欲欲望者的不同应对策略

这里还有一些容易令人混淆的问题，比如一家苍蝇小馆环境一般，味道出众，而一家星级酒店味道一般，环境优雅，这该如何选择呢？对就餐环境完美精致的重视程度高于对食物品质的选择，这很可能是出于对地位的追求，而非食欲。更关注食物本身的味道，选择苍蝇小馆，则是食欲欲望胜出。既要求环境，又要求食物的品质，则是受食欲欲望与地位欲望的共同影响。

值得注意的是，假如一个人对食物有憧憬，但出于自我管理和自律的目的，比如为了健康、减肥，选择了比较节制的或更为理性的进餐习惯，长此以往，目标达成了，但对食物的态度或许会变得冷漠和疏远。从有意识的管理到无意识的个性养成，这样，对食物的情感和需求也就被压制了。因此，了解个体真正的内在需求，认识基于理性的管理和基于自由意志的真实需求之间的复杂关系，是我们在饮食问题上要面临的重要课题。

不同食欲欲望也决定着个体对压力的应对策略。红色食欲欲望者在吃中寻找乐趣，会通过吃来减压。蓝色食欲欲望者可能没有心思或胃口，久而久之，他们便会在营养、健康方面面临巨大的挑战。这也就是说，蓝色食欲欲望者要警惕营养失衡的风险，一日三餐定时、定点、定量是必须遵守的规则。

红色食欲欲望者则需警惕诸多风险。糖分能为人体快速补充能量，但过量摄入糖分则可能导致血糖水平的波动，引发情绪不稳或焦虑感。高糖、高脂肪的不良饮食习惯，可能会加剧压力反应和负面情绪，导致认知能力下降，抑郁和焦虑的风险升高。维生素D、铁等营养成分缺乏，与心理疾病之间存在着复杂的相互作用。饮食直接影响体形，而体形对自尊和自我形象有显著影响。过量饮食可能导致体重管理问题，同时会提高厌食症、暴食症等饮食失调的风险。另外，不健康的饮食观念可能导致心理问题，例如对食物的过度控制或过量进食。基于此，在追求美妙生命体验的时候，还应关注糖分、脂肪等核心要素对健康的影响。

不可否认的是，食物作为奖励机制的重要手段，可以提高满足感和幸福感，例如完成工作后，享用自己喜欢的食物，是会让人心情愉悦的。理性认知和科学管控是高品质生活的前提，只有做到理性认知和科学管控，我们的高品质生活才会更有保障。

　　亲情欲望，是指与家庭成员相处的欲望，它关系到一个人在家庭事务中，自身精力和时间有多少花在与其他成员相处上。

1.生命延续和情感传承的纽带

我们有时去乡村会看到成群结队的羊，因为面前有一条小溪或一辆卡车经过，羊群被迫分成两部分，在这时，小羊和大羊都会高频率地咩咩叫，呼唤对方回到自己身边。一只性格凶猛的豹猫会表现得非常暴躁、排他，但在照顾小猫或其他弱小动物时，会展现出令人意想不到的温柔与包容。尽管猫是一种典型的独居动物，但它们依然会尽力照顾自己的幼崽，有时甚至还会照顾、保护并非自己亲生的小猫。

这种出自本能的关照，正是我们这一章的主题：亲情，即与家庭成员相处的欲望。

亲情无处不在，它代表着家庭成员之间的亲密关系和相互依赖的状态。无论在动物界还是人类社会，亲情都是生命延续和情感传承的重要纽带。

我们经常会听到一些关于孩子成长的小故事。比如，孩子马上要读小学了，以前，孩子在幼儿园用过晚餐后才由家长接回家，家长几乎零负担，只需陪着孩子休息和玩耍即可。孩子上了小学之后，晚餐需要在家里解决。放学时间由之前的下午6点提前到了下午4点，这种变化往往会给家庭带来新的挑战，尤其是家长要对自己的工作安排做出调整。有时，妈妈会考虑换个离家近一点的工作，以方便接孩子放学。这时，爸爸可能会问："为什么要换工作？"妈妈解释道："你不知道吗？孩子上小学后，下午4点就放学了，我需要提前下班去接他，所以我得找一份能配合这个时间的工作。"值得关注的问题是，难道爸爸不知道孩子下午4点放学吗？"放学谁来接"这个问题于他而言是怎样的存在？

还有一种可能是，爸爸会说："孩子下午4点放学，你不准备换个工作吗？"妈妈反问："我为什么要换工作？为什么不是你换？"这就是在面对家庭需求变化时，父母双方截然不同的反应。

当孩子顺利进入小学后，上学、放学时间和作息时间都会发生变化，面对这种变化，有些家长会提前做准备和调整，这意味着对孩子的需求做了充足的规划，以及有强烈的愿望去配合孩子的时间变化。我们可以将这种积极响应家庭需求的人称为红色亲情欲望者。相反，另一类人可能对家庭需求没有太清晰的意识。比如，爸爸可能没有预料到，新学期开始后，孩子会提前放学，需要重新安排接送时间。再比如，妈妈可能会质疑："孩子有这个需求，做出妥协的为什么是我而不是你？"这两种情况都体现了对孩子的需求缺乏预见性，在响应家庭成员需求时，往往持审慎甚至被动的态度。

"是否要由我来处理这件事？""是否要由我来付出和承担？""是否要由我来主导这件事？"为什么"我"会有如此"审慎"的考量呢？原因在于，选择去做或主导一件事，可能会带来一系列的影响：影响到现有的工作安排，改变作息时间，增加对孩子的付出，影响到自己的生活……他们更倾向于权衡个人利益与家庭需求，对家庭责任更为谨慎和保守，不轻易做出调整或改变。我们将这类人归为蓝色亲情欲望者，他们在亲情中对时间、精力和责任的分配有着更为审慎的考量。

在满足家庭成员需求方面，不同的人会表现出不同的付出倾向：有些人更愿意投入和奉献，有些人则更倾向于自我保留。当一个人拥有红色亲情欲望时，他往往能清楚地了解每个家庭成员的需求，并且乐于为家庭做出周密的安排和计划。他倾向于在家庭中扮演细心的照顾者角色，为满足家庭成员的需求付出大量的时间和精力。付出的过程往往充满琐碎的任务，需要他事无巨细地关注和持续努力。

红色亲情欲望者愿意为家庭成员付出，甚至做出必要的牺牲，乐于关爱孩子和家庭中的其他成员。这些特质使他们在孩子有特殊需求或犯错误时，能表现出极大的包容心。他们更能够理解孩子的难处，甚至无条件地给予孩子支持。他们有"多做一些"的心态，通常非常愿意为家庭成员提供陪伴，并尽力为家人安排好一切。他们将满足家庭成员的需求视为一种自然的责任，倾向于毫无保留地奉献自己的时间和精力。

相反，在家庭成员有需求时，拥有蓝色亲情欲望的人会更加理性和客观。他们往往保持审慎的态度，对家庭事务有更为理智的权衡。我们经常在生活中会见到这样的例子：有些年轻的妈妈或爸爸在忙碌了一天，晚上又照顾孩子睡着之后，尽管已经身心疲惫，却依然会熬夜，留些时间给自己。这些事情并非必须，但他们却需要一些属于自己的时间和空间来平衡自己的状态。蓝色亲情欲望者更倾向于在付出和自我保留之间找到平衡，会有所选择地投入家庭，不会一味地把自己的全部精力都放在家人身上，不会毫无保留地牺牲和奉献。

相比之下，红色亲情欲望者是爱家、爱孩子的典型代表，家庭永远是最优先的。他们愿意照顾家人，尤其对自己的孩子充满关爱，细心照料。在内在动机的驱使下，他们倾向于全情投入，甚至渴望生更多的孩子，将这种无私的爱延续下去。

2.把时间和空间留给自己还是家人

拥有红色亲情欲望的人，特别擅长照顾小宝宝，他们在细小的事情上有足够的耐心，对家庭成员展现出强烈的照顾欲望和奉献精神。而且，这种强烈的照顾倾向，还会扩展到更广的社交圈和工作场合。例如，一些年长的同事，尤其是单位里的大姐们，往往会对刚入职的年轻人给予关怀和指导，帮助他们更快地融入工作环境中。

拥有红色亲情欲望的人通常在人格特质上表现出极大的包容和爱心。在成年人的世界中，一个人若把这种人格气质平移到处事哲学中，在面对他人有难或陷入纠纷时，就很难冷漠以对。就像那只豹猫一样，虽然性格并不温和，却仍然愿意照顾弱小的小猫。在工作环境中，他们往往会关心那些比自己年轻、经验不足或能力较弱的同事，把他们视为需要照顾的对象。这些人非常有爱，对他们而言，做一些力所能及的事情或为他人付出、奉献的事情是自我价值所在，是人生的意义所在。

拥有蓝色亲情欲望的人，个性关键词则有所不同。正如我们之前提到的，蓝色亲情欲望者可能并不那么享受与家庭成员相处或为他们付出的过程。对他们而言，时间最好是由自己支配的，而且他们更倾向于把时间留给自己，而不是被照看他人的责任束缚。

这种责任感的缺乏不仅体现在对小孩的照顾上，还表现在对其他家庭成员和工作的态度上。在工作中，对那些刚入职的年轻同事或相对缺乏经验的后辈，蓝色亲情欲望者往往不会像热心大姐那样给予他们无微不至的指导和帮助。对他们来说，照顾别人不是义务，而是一种需要刻意做出的行为。

蓝色亲情欲望者更愿意与家人保持一定的距离，对他们来说，支配自己的时间比履行看似必要的照顾责任更重要。在工作中，他们不会热衷于花费大量时间去引导和帮助那些缺乏经验的年轻人，因为他们更看重个人时间的自主性，而不会受到所谓的照顾责任的牵绊。这种态度使得他们在面对家庭和工作中的"弱者"时，表现得更加理性和自我，不像红色亲情欲望者那样会无私奉献。

在这种模式下，拥有蓝色亲情欲望的人，更倾向于把时间和空间留给自己。他们不愿意被各种琐碎的责任、义务束缚，也没有内在驱动力去承担这些。他们可能会想："谁规定我一定要照顾晚辈，一定要带实习生？"

我们会遇到这样两种人：一种是热衷于指导和照顾实习生或晚辈的人。这类人往往非常有耐心，愿意将自己知道的每一个细节都毫无保留地传授给他人。另一种人则相对冷淡，仅给实习生或新入职的年轻人一个方向或框架，至于具体操作和细节则由对方自行摸索。这样的指导方式更为理性，他们不会花费过多的精力在细节上。简而言之，红色亲情欲望者倾向于手把手地指导，细致入微地传授经验；蓝色亲情欲望者则更喜欢提供大方向，让他人在实践中自己摸索成长，只有在他人非常需要时才提供帮助。

蓝色亲情欲望者在教育孩子时，往往会展现出独特的优势，他们倾向于采用引导式陪伴，与孩子建立起一种平等、互动的伙伴关系。这种伙伴关系强调的是平等、交流，而不是基于辈分的命令和服从。蓝色亲情欲望者的教育方式更注重引导和激发孩子的自主性，他们给予孩子充足的空间去探索和思考，而不是包办一切。这种方法鼓励孩子自主学习和成长，能培养孩子独立思考和决策的能力。相比之下，红色亲情欲望者则更倾向于采用传统的教育方式，直接参与到孩子的生活和学习中，给予孩子细致入微的指导。亲情需求差异在亲子关系中塑造了两种截然不同的互动模式，对孩子的成长会产生深远的影响。

蓝色亲情欲望者对孩子的需求持有审慎或保守的态度，更倾向于让孩子自主选择，不喜欢被迫或被动地去为孩子做牺牲和奉献。他们会选择要孩子，但不一定会热衷于照料孩子的日常生活。过分理性甚至冷淡，在某些时候可能会被人误以为对孩子"不够爱"。但蓝色亲情欲望者的优势在于更擅长与大孩子互动，尤其是在面对成熟些的孩子时，他们能够更好地扮演引导者或伙伴的角色。因为他们倾向于与孩子建立伙伴式关系，注重平等交流和自主探索，他们认为双方不是照顾者与被照顾者的关系，所以他们在陪伴和引领大孩子时更具优势。他们无话不谈，会分享彼此对各种事情的看法。这种互动方式超越了传统的亲子互动，不再局限于对饮食、生活等基本需求的满足，而是在精神和情感层面建立了深度对话，能够理解彼此。

相比之下，红色亲情欲望者往往是付出型父母，他们在孩子小的时候，尤其是刚出生到一两岁时，能够事无巨细地照顾孩子，为孩子提供全面的保护和规划，能很好地满足孩子的各种成长需求。然而，当孩子逐渐长大，红色亲情欲望者由于习惯了无条件付出和牺牲，可能不太容易给予孩子足够的自主空间。尤其在孩子向青少年过渡时，他们仍习惯于全权负责，难以适应孩子逐渐独立的过程。过度保护行为的初衷是爱孩子、关心孩子，但这可能会在孩子的成长过程中形成一定的束缚，由在孩子儿时的照护优势转变为可能限制其独立自主发展的障碍。因此，红色亲情欲望者需要学会逐渐放手，并适时调整自己的教育方式。

红色亲情欲望者在孩子幼年时表现出色；蓝色亲情欲望者则在孩子成长为青少年或成人后，更擅长引导、平等对话，形成一种更自由、更平等的沟通模式。两者各有独特的作用，关键在于如何根据孩子成长的不同阶段，充分发挥各自的长处，为孩子的全面发展提供最优的支持。

值得注意的是，养育下一代不仅体现在亲情欲望中，还体现在荣誉欲望层面。当一个人极度认同并践行传统价值观时，他往往会倾向于建立一个生儿育女的完整家庭。无论亲情欲望是红色还是蓝色，传统价值观都会驱动他们为孩子付出和奉献。在亲情的内涵中，关注的是个体对自我、对朋友以及对家庭成员的付出与奉献程度。当蓝色亲情欲望者受传统价值观影响时，他们同样会选择生儿育女，并为孩子付出。然而，在付出的过程中，他们往往会面临自我满足与照顾孩子之间的冲突、矛盾。

"慈母多败儿"是一句俗语，意思是说母亲溺爱孩子，对孩子缺乏管教和约束，可能会导致孩子养成不良的品格和行为习惯，成为一个不成熟、缺乏责任感或适应能力较差的人。这句话反映了中国传统家庭教育的一个观念，即过度保护和溺爱会对孩子的成长产生负面影响，这同时也强调了家庭教育中爱与管教的平衡问题。作为父母，爱与严格并不矛盾，关键在于如何把握尺度，让孩子在温暖中成长，也在规则和责任中学会独立与自律。

浦东机场刺母案引发了社会的广泛关注，母亲以高压强权的方式教育孩子，干涉了孩子的独立性，也限制了孩子自由发展的可能。导致这起悲剧的不全是溺爱，但可以肯定的是，没有平权的单向沟通是问题出现的关键。

如何平衡自由与自律？这同样牵扯关系中的多方。比如在教育过程中，客体是孩子，施教者是家长，那么家长与孩子的个性冲突或契合，就是问题的关键所在。有红色亲情欲望的父母，如果兼具平和无所求的个性气质，给予孩子过度保护的童年，在孩子成年之后，他很有可能沿袭一种错误认知："我为王，我最大"。这是个需要警惕的问题。有蓝色亲情欲望的父母，可以在委托他人照料的同时，如何看待孩子的客观诉求，从而建立起家庭的契合，这也是我们要面对的一个问题，以避免出现"父不知子，子不知父"的局面。

3.你想从工作中得到什么

红色亲情欲望者更适合从事需要照顾和关怀的行业和岗位。例如日托机构、童装或儿童用品相关行业、游乐场所和母婴服务机构等。在这些行业和岗位中，他们能够充分发挥他们富有爱心、耐心和包容心的优势，能够从容应对孩子带来的各种挑战，并乐于在照看过程中投入时间和精力。此外，红色亲情欲望者也非常适合服务类工作，因为他们擅长察觉并满足他人的需求，愿意为他人带来快乐和积极的情绪体验。这类人常常能在工作中获得成就感和满足感，将自身的特质转化为工作的动力和优势。

当孩子来到世上时，在销售岗位上工作的父亲感受到陪伴孩子和享受家庭时光的极大慰藉和快乐后，于是可能会出现对工作业绩疏于追求的状态，总想下班早点回家，为孩子做一顿丰盛的晚餐，会关注有助于孩子长高的高品质牛肉，会研究学校、学区房、补习机构等等，加班陪客户似乎变得不再可能。

关于如何解决生活中的问题，我们一定会讨论到行为，在讨论行为的时候，就一定要看"我想要得到什么"这个命题。

一个销售员能够取得优秀的业绩，可能是因为他喜欢与人打交道，也可能是因为他享受达成目标和赚取收入带来的成就感。两者都可以被称为直接动机。然而，是否还有一种可能：作为一个深爱孩子的父亲，他热衷于为孩子作规划和储备，比如买学区房，选择好学校，规划出国留学，筹备婚礼、置业等。如果这恰巧是他业绩不佳的原因，那他应当思考的问题就是：陪孩子和陪客户是绝对对立的吗？

事实上，陪伴孩子和追求职业成就并不一定是非此即彼的。在不同的思维模式下，两者可以互为目标，彼此成就。爱孩子是销售员的高维度需求，对他而言是不容置疑的，通俗来讲就是，拼尽全力要保护的人就是孩子。爱孩子就要让他上好的学校，上好的学校就需要钱，需要钱就要做业绩，做业绩就要了解客户、满足客户所需……在这种逻辑中，爱孩子就不再是陪伴与做饭，而等同于加班和抓业绩。这是多么神奇的转变啊！

在动机需求理论体系中，亲情是最容易理解和掌握的一个部分。在现有的知识体系中，我们往往将亲情欲望看作个体对时间分配意愿的反映。红色亲情欲望者更倾向于为他人奉献和付出，这些"他人"可能是妻子、晚辈，或是孩子这种相对弱小的存在。蓝色亲情欲望者则更注重对时间的独立支配，更加享受个人空间和自我安排的自由。

每种个性需求都有其独特的优势、劣势，我们需要理性和客观地认识自己的内在需求和特质，并在这些需求的引导下，找到让自己生活、工作更加平衡和充实的方式。只有深入了解了自己的动机和行为模式，我们才能更好地调和生活中的各个方面，实现自我成长与家庭、事业的和谐发展。

　　"审美"在现实生活中往往被视为一种
视觉化表达，比如通过音乐视频（MV）形
式展现一首情感丰富的歌曲。

1.饮食男女，人之大欲存焉

"饮食男女，人之大欲存焉"，出自《礼记·礼运》，这句话讲的是，饮食与男女之欲是人类最基本的需求，是人类生存和繁衍的根本，也是推动社会行为和文化规范的重要力量。《礼记》是儒家关于礼仪制度和伦理规范的经典论著。《礼运》特别强调了"礼"在规范人类基本欲望和行为方面的作用，认为饮食和男女关系是人性的自然组成部分，而礼仪的作用是调节和约束基本欲望，维护社会的和谐与秩序。在前面章节的讲述中，我们认识了"一箪食，一瓢饮"之"饮食"，在这一章节中，我们将聚焦在"男女"概念上，它关乎视觉与审美的追求，也阐释了两性关系的亲密状态。

饮食与繁衍对人类的生存与进化起到了举足轻重的作用。关于浪漫需求的内涵，这里有两个小故事。

有一位先生，他年轻时进入了帕多瓦大学，主修法律，涉猎哲学、神学、科学等领域。短暂地成为神职工作见习者后，他游历了巴黎、伦敦、柏林、马德里和维也纳等城市，凭借自身的魅力、机智和社交能力，他赢得了众多的支持者。他担任过不同国家的外交官，做过间谍，与欧洲皇室和贵族有密切的联系。他是一位知识分子和多才多艺的作家，他写过诗歌、小说、戏剧以及哲学作品。

你可能尚不知他是何许人也,但也难免对这个多才多艺的青年才俊心生仰慕。如果我告诉你,他还是一个勇于逐爱、无畏艰险的人,无论是河流还是高墙,都阻碍不了他浓浓的爱意,你是不是会更加为之倾心?他简直就是梦中情郎!

引无数人瞩目的他就是贾科莫·卡萨诺瓦(Giacomo Casanova)。他1725年出生于意大利威尼斯的一个戏剧家族,是享誉18世纪的欧洲传奇人物,是意大利的著名冒险家、作家、间谍和外交官,他曾为法国国王路易十五工作。纵使这些经历如此闪耀,也抵不过他那让人口口相传、记忆犹新的桃色新闻,他以风流韵事和纵情享乐的生活方式著称,有"欧洲情圣"之"美誉",他的名字至今仍然被用来形容风流成性、魅力十足的男性。发生在卡萨诺瓦身上的事,简直耸人听闻,比如不惜游过冰冷刺骨的护城河,只为与对岸的情人约会。有记者采访他为什么要这样做,他回答说,女人对他自己来说,其实也没什么特别之处,关了灯之后都一样,但女人就是他想要的东西。卡萨诺瓦在其人生暮年,撰写了自己的个人传记——《我的一生》,其中记载的以及未被记录的情人,保守估计有100多位,"多边关系"是对他情史的确切形容,他是名副其实的花花公子。

还有一位先生,1926年出生在美国芝加哥的一个保守家庭,他中学毕业后加入了美国陆军,担任过记者和漫画家。"二战"后,他就读于芝加哥艺术学院和伊利诺伊大学,主修心理学,辅修创意写作和艺术,他对文化的深度理解与表达兴趣在这个时期萌芽。在获得学位后,他进入杂志行业,曾短暂担任过《时尚先生》杂志的编辑助理。简历至此,你有何感觉?也许是"这个人的生平充满了文化多样性,对知识和文化有深深的追求""不仅有艺术和文化方面的热情,还具备实际的行业技能""看起来是一个深思熟虑且兴趣广泛的人""如果有机会,真想和他见上一面,好有意思"……

这个人就是"花花公子"品牌的创始人休·海夫纳（Hugh Hefner）。他于1953年创刊《花花公子》，首版封面女郎是当时红得发紫的玛丽莲·梦露，刊物一经发行即大获成功。《花花公子》不仅以裸照和娱乐著称，它还是一个知识和文化的平台。海夫纳希望他的杂志能反映自由、优雅和享乐的生活方式，同时讨论文化、政治和社会议题，这杂志吸引了许多知名作家和思想家投稿。"花花公子"品牌除了杂志，还涉及电视节目、夜总会和电影等。在80岁时，海夫纳还"不情愿"地坐拥3位兔女郎，他说："我的理想状态是要有7个人，但我发现这7个女孩子彼此相处比较难，所以才把规模尽可能地缩减，就成了现在的3个女孩子。"他还说："我非常享受现在的状态，觉得自己比15年前还要精神，我觉得自己特别年轻，从来不认为自己老。"在采访中，他坦诚地说："我在两段婚姻中都非常忠于我的妻子，忠于彼此的承诺，也尽职尽责，但这种生活并没有带给我乐趣，我觉得自己的人生没有一丁点精神和斗志。"所以，他在结束自己的婚姻之后，选择了与女性发生多种关系的生活方式。

行文至此，刚才吵着要见上一面的人，现在恐怕有很多会因为海夫纳的独特价值观，对他视如敝屣吧！

两位花花公子的世界，都揭示了红色审美欲望群体的追求。接下来，我以卡萨诺瓦的两种世界勾勒花花公子的不同侧面。

梦中情郎卡萨诺瓦可谓人见人爱，他博学多才，魅力四射，充满冒险精神；花花公子卡萨诺瓦放荡不羁，纵情享乐，风流成性，是尽兴、自由、前卫大胆的人。是什么让一个人表现出迥异的两面性？他有人格分裂吗？没有，他的这种表现，就是中国哲学所强调的事物的两面性。梦中情郎卡萨诺瓦表现出的是蓝色审美欲望，即对浪漫唯美的追求；而花花公子卡萨诺瓦体现了对审美欲望中性的追求，在性爱中驰骋与尽兴，他有极致的红色审美欲望。

当个体拥有对于性体验的极致追求时，两位花花公子同属红色浪漫需求，在视觉审美维度，浪漫唯美的性格气质，在成年人的群体中，表现为对于性拥有强烈的憧憬和极度的期待。

2.亲密关系中的审美欲望

"审美"往往被视为一种视觉化表达，比如通过音乐视频（MV）形式展现一首情感丰富的歌曲。音乐短片通过视觉画面，直接增强了我们对歌曲情绪的感受。与一首唯美的歌曲相配的画面也常常是浪漫的，这些浪漫的视觉元素加强了歌曲的情感表达。

在定义浪漫时，我们认为其包含对性的追求，但更多的是对审美的一种期待。审美涵盖了多种可视化元素，这些元素触动我们的感官，属于美感的范畴。这种美感通常与浪漫联系在一起，并且难以将浪漫的情感与性完全分离。

审美红色欲望者对视觉刺激特别敏感，倾向于在美和浪漫的情感中寻找满足。在生活中，每个人对美的期待和追求都不同，比如，一些人可能喜欢肌肉健硕的男性，这些男性可能会穿着凸显身材的紧身衣，性感地展现其鲜明的肌肉线条，带给人充分的视觉想象空间或视觉冲击，让人感受到炫酷与俊美。

在健身房中，身着紧身背心的男生，他们的衣服可能因汗水而变得湿漉漉的，这更凸显了其肌肉的轮廓，虽然这个画面充满了男性气息，但这种直白而不加修饰的风格，并不是每个人都会欣赏的。蓝色审美欲望者就偏向于含蓄和内敛的审美风格，两性欢愉无须广而告之，他们会对赤裸裸的冲动保持一种谨慎的态度，浪漫需求对其而言就像食欲一样，是一种细水长流的生命驱动力，他们追求以平和、温情的模式相处，尽可能地低调含蓄，力求避免激烈和直接的感官刺激。相反，对于有红色审美欲望的人来说，他们享受环境和视觉带来的强烈冲击，并在浪漫的情愫中有着更迫切的期待。这两种不同的需求，展示了人们对生活热情的不同表达与不同态度。

当个体对浪漫有强烈需求时，这通常表明他们对亲密关系抱有强烈期望，并可能频繁地沉浸于性幻想，或对异性抱有深切的憧憬。这类人在着装和打扮上往往更开放、热辣且直接，他们力图通过服饰传达自己的情感和个性，不拘泥于传统审美标准。

相反，当个体表现出对蓝色浪漫需求时，他们的行为往往更趋理性，他们更倾向于精神层面的交流和内在的情感体验。这类人在形象上可能更加克制，显得更为严肃和单调，他们选择的服装颜色通常较为朴素，如黑色、白色或灰色，他们偶尔可能会穿红色或其他亮色，但总体上他们避免张扬和花哨的服饰。这反映了他们对浪漫的含蓄和内敛的期望，他们倾向于在较为低调平和的环境中发展个人关系。

聚焦在核心特质上，受视觉刺激影响，红色审美欲望者在审美上通常具有独特的天赋，擅长运用和把握色彩，在着装和打扮上常用容易吸引眼球的色彩元素。例如，一个男士可能穿着笔挺的西装坐在高脚凳上，你却不经意地发现他脚踝处露出的是花袜子，这个细节透露出他们对审美和浪漫的期待与心思。这类人在设计和色彩搭配方面往往有着强烈的个人见解，在色彩应用和对美的把握上展示出显著的才能，类似于美食家对美味有着敏锐的品鉴力。

相对地，蓝色审美欲望者的关键特征是含蓄、内敛，他们强调情感和精神层面的交流与传递。两性之间的互动反馈，也会受蓝色审美欲望影响，保持一个比较慢热的状态。比如在一场派对中，红色审美欲望者会不自知地憧憬和联想，与异性发生点什么的可能性或画面；蓝色审美欲望者则几乎没有性别区分，更别说会产生遐想，他们也没有兴趣关注时髦或漂亮的衣着。

在讨论蓝色审美欲望时，需要强调的是，蓝色审美欲望并不意味着个体对亲密关系持排斥态度。拥有蓝色审美欲望的个体，往往在亲密关系中保持一种内敛的接触方式。他们深思熟虑，理解和尊重基于传宗接代的本质目标，能在两性关系中展现出积极和令人满意的态度。

蓝色审美欲望者与红色审美欲望者的亲密关系模式有显著的不同，他们更倾向于一种缓慢热络、考虑周全的发展模式，强调情感和精神层面的交流，而非即刻的肢体接触或激情碰撞。

另一方面，拥有红色审美欲望的个体在生活中通常是一个热情且富有激情的伴侣。他们寻求直接的肢体接触和情感上的强烈互动，享受亲密关系中的激情与浪漫。在公共场合，这类人可能会更自在、自然地做出亲密行为，如拥抱或其他亲昵动作。

蓝色审美欲望者虽然对美和亲密关系有追求，但他们的方式更为含蓄，对亲密关系的进展较为谨慎和慢热。对红色审美欲望者而言，见面就意味着激情燃烧。然而，蓝色审美欲望者可能需要一周、一个月，甚至半年的时间，来逐渐感受到对方的存在。他们可能会慢慢考虑与对方建立更深层的关系，如组建家庭或成为长期伴侣。对这样的人来说，进入一段亲密关系的时间可能会有所延迟，反应也稍显迟缓。这是因为对蓝色审美欲望者而言，亲密关系和两性的联系并非生活的核心。相比之下，他们更倾向于关注人的本质和交流讨论的内容。

每个人都可能有自己独特的亲密关系模型。一类人会通过送鲜花、礼物或其他浪漫手段直接表达爱意，也可能会通过富有性冲击的、设计感强的、含有性别特征的细节来增加情感的强度。而另一类人不太关注这些外在的视觉感受，他们更多地关注与人的深层次交流和感知。对他们来说，一旦形成熟悉的环境，自然而然地，这种关系就可能发展成更深层的依赖和伙伴关系。

对于浪漫而言，我们知道它不仅包含了对外部美好的追求和期盼，还反映在个体的衣着打扮上，这些打扮呈现出各种吸引人的风姿。当一个人对浪漫有着特别强烈的红色追求时，这通常表明他们非常重视视觉审美。因此，这类人在自己的着装打扮上会更加擅长使用颜色、设计等。他们也善于通过小装饰、特定的服饰或首饰来增强自己的吸引力，精心打造出既美观又引人注目的外观。

有蓝色审美欲望的人可能更倾向于建立保守型关系。这种保守态度通常也体现在着装选择上，例如，他们可能倾向于选择较长的裙子，领口也尽可能高一点，确保衣着得体，显示出一种严肃的风格。他们倾向于通过保守的穿着来保持关系的纯洁性。这意味着在与人交往和沟通时，他们努力避免让性别差异成为焦点，这种状态可能会让他们自己感到更加舒服或更加安全。

两种不同类型的审美欲望者，在伴侣关系中的表现也不尽相同。蓝色审美欲望者，通常对性和两性欢愉持一种较为理性的态度，他们倾向于有限的、热烈的亲密关系。相反，红色审美欲望者，往往更愿意并且更享受频繁、深度契合的亲密关系。当伴侣之间存在较大的浪漫需求差异时，婚姻的稳定性会受到比较大的挑战。

红色审美欲望者，可能需要做一些即时反思：当前的关系是否能够满足对方的期待？我们需要拓展对浪漫需求的理解，认识到它不仅包括两性之间的亲密关系，还包括对美的追求。如果一个女生拥有中等或蓝色需求，而她的伴侣有非常强烈的红色需求，那么要让亲密关系健康发展，首先就要接受并理解伴侣的需求。

在管理需求差异时，我们可以利用唯美的与浪漫的元素来平衡，比如创造美好的氛围，使用蕾丝装饰，或安排烛光晚餐，这些都能增加美感，有利于满足个体在两性关系中的极致需求，缩小差异，促进关系的和谐发展。

当两个人在关系中都倾向于禁欲主义，偏好精神层面的交流时，他们通常寻求的是精神共鸣而非单纯的肢体接触。这样的伴侣关系会让两人极大地享受作为精神伴侣的相互依托，而不仅仅是两性之间的身体欢愉。在这里，我仍然要强调，蓝色审美欲望者对性的期待和追求并非不存在，而是他们采取了一种更为含蓄和内敛的方式。他们追求的不是赤裸裸的冲击或极致的欢愉，而是在更细腻、更克制的层面上的满足。

3.顺应优势，过快乐的一生

一些孩子极具艺术创作优势，对色彩的敏感与生俱来，伴随着艺术创作的精进，他们在审美方面会得到更好的锻炼，天赋得以滋养。在给孩子进行学业规划时，与艺术或审美有关的领域，都可以被纳入考虑范畴，他们的艺术能力与创新能力将具有不可取代的价值。

在职业发展过程中，如果发现自己对审美有极致的追求，那就可以考虑将这种内在的欲望，转化为职业发展的动力。比如，你或许会在设计、橱窗布置或其他视觉艺术相关领域大有作为，在美术和艺术方面展现出更大的创造力。如果个体的优势、特长都得到充分的尊重、顺应，人生便会充满快乐。

当一个人充满浪漫情愫并对美抱有高度期待、对其所处环境中肉眼可见的事物感受颇丰时，这种感受力便可以转化为对艺术领域的理解，例如戏剧、电影或摄影都是对审美要求极高的艺术形式。因此，当我们对浪漫有不同的期望时，就需要为自己找到一个空间，让自己有机会实现自我满足，而满足是我们生活的动力。我们一直强调，当个体满足了自己的欲望和动机后，生活将充满快乐。在亲密关系中，如果双方个性存在一些冲突，例如伴侣无法满足对方的审美欲望，就可以通过接触美学、品鉴和艺术领域，来平衡自己内心的期待和追求。这样，即使在两性关系中遇到挑战，也能通过满足自己的浪漫追求和美学需求来化解，从而取悦自己。

如果你的审美欲望偏向蓝色，那么在选择伴侣和建立家庭时，就没有必要过于着急或担心。在关系构建过程中，你仍然可以在自己的空间里保持自己的思维模式。然而，对拥有蓝色审美欲望的人来说，重要的是给自己足够的时间进行规划和决策，确定在何时与某人进一步深入交往，以此来规避慢热可能带来的风险。我们也应考虑寻求专业人士的帮助，他们可以指导我们更好地打扮自己，增强在异性面前的魅力表现，以达到令自己和对方都满意的状态。这些都是非常重要的探索，且富有意义。

　　愿你不带走任何结论，只带着这种流动的感知——这就像河流从不执着于任何一滴水，却永远拥有整片海洋。捋清混沌的生活，带着希望向前！

1.竹子带给我的欣喜

合上书稿的扉页，正值暖春，院子里多年前种下的竹子，一直孤孤单单地存在，此时有了新的笋芽。嘴角上扬的我，有一种如约而至的欣喜，"你来了，你终究还是来了"。

种下它的那一刻，我便知道这是一条需要等待的路，要等它最少五年，等它用所有的能量，将根系延伸几公里，再等它将根系结成网，你看不到它的努力，但它一直在不懈地努力，只为破竹这一天。

刚刚结束的线下课，有坚持了四年实践的复训者，我感慨万千，你根本想象不到一个人的韧性有多么坚强，就像一丛竹子的沉淀，纵有压力，可也阻碍不了其想要成长的意愿。

我们习惯以二元方式，来思考和理解这个世界，无论黑白，无论美丑，我们更习惯给他人一个或好或坏的定义，对与错，好与坏，善与恶……以这种貌似朴素的方式，来指导人生，似乎只有这样，才会为生命注入灵魂。

定义自己，给自己扣上一个大帽子，会让一个人看上去更有追求；定义孩子，来证明我们对孩子富有责任的"教养"；定义爱人，以此鞭策对方朝着我们想要的方向发展。

如果你用心感受，不难发现这种"定义"背后，所透露的权力结构：为什么你是定义者而非他人？你又以何种规则制定这个"定义"——非此即彼，这本身就是因为想要排斥差异而建构的虚假信号。它来自一种防御机制，因为有变化，有差异，所以就意味着"我"的不确定性，而让人心生焦虑，这也存在通过对他人的贬低来巩固自我的可能，其根本也是人类对"确定性与安全性"的一种近乎生存般的依赖，（相比较确定的事更容易，模糊需要更高的成本与资源来应对）。人需要更多的勇气、更多的平权意识、更多力量，才能面对多元背后的不确定性。

2.世界并非二元化的

"物固有所然，物固有所可。无物不然，无物不可。"它讲的是特别简单的道理，世间万物，存在即合理，没有绝对的是与非。一切分别，皆因"成见"所致。

16种动机需求，不乏存在即合理的表达，亦或是对"成见"的书写，一个人，以自己认为合理的方式生活，就是自己对生活的 "定义"，这是无需思考的，与活着就要吃饭无异，但人类对世界的认知，受限于视角，于是就有了好恶与"定义差"，就有了"我怎么会是这德性"与"他怎么会这样"的定义与评价。

破局之法，始终要回归尊重，即事件客观性的"存在即合理"！人类不是活在意识中的，而是活在吃饭、睡觉、呼吸的客观世界中，所以问题，也该回归现实。发自内心地理解每一项动机，与之共舞，心生情愫，是深刻理解一个人的动力，你相信吗？明星爽剧，远不及自己世界里的的故事精彩。

在一次课程的报名表上，"非二元"字样出现在性别栏中，我恍然大悟，社会的发展，某种程度也是一种对立的统一，哲学思辨俨然已是一种社会形态的的具体化呈现。庄子的《齐物论》，强调"天钧"，意指智者，能够超越是非之争，让对立观点自然平衡，不急于站队选择立场，而是思考双方立场的合理性。

我认为发现合理性，是一种间接的认同，也可以称之为间接的否定，不尽信也不尽疑，动机需求搭建的底层逻辑，是一种新的思维方式，是一种多维思考法，几近于"换脑"的行为，感觉像是生活了几十年的一个人，很震惊地发现认知中的盲点，意料之外地看到眼前的自己，不仅仅创造着自己的辉煌，同时也在不自知地创造着令自己厌弃的悲怆。诚然无意，把一个人看作一个小宇宙，每个宇宙都有着专属自己的运行规律，执念太过，疲于奔命，以致错过天籁美音，错失了自己本拥有无限可能的一个世界。

"换脑"，绝非易事，但也绝非不可实现，

动机需求是一种思维的交换，就像胡同里跑着的小伙伴，兜里都有好玩意儿，你看看我的，我再看看你的，关系好的，再彼此交换着玩儿。这些好玩意儿，首先是被各自主人珍视的，我认为好的你也觉得好，这就是一种心有灵犀、一种志同道合。假如被我珍视的，反倒被你唾弃，这就是真的话不投机半句多。

这简单的道理，被无数爸妈用在自己孩子身上还不自知，这也让多少伴侣话不投机而抱憾终生。

3.愿你我充满希望前行

我是一个蓝社交的人，最不喜欢的就是没有意义的废话，我曾特别不喜欢寒暄，也秉承着有事说事的基本原则。所以，我不喜欢人格类型学，因为除了寒暄的功能，我找不到它拥有的任何价值，至少在"父不知子，子不知父"的亲子关系中，或彼此相爱又不得不分手的夫妻中，它是毫无价值可言的。

一位优秀的动机分析师，必须具备"穿他的鞋子，走他的路"的能力，这是我的治学主张。坦白来说，换位思考说起来容易，做起来难，因为人不可能两次踏入同一条河流。即便当事者，因为河水在流动，你也不可能感同身受。但在动机需求庞大的知识体系下，对每一项动机需求的绝对理解，它就是脚手架，它搭建了你通往愉悦情绪或悲伤情绪的道路。当一个人完全沉浸在理解自我与他人的过程中，评判的杂音逐渐淡出，时间不复存在，这种极致的状态，被称为福流。

分析师帮助来访者，读者却能帮助自己，当我们停止用"对与错"的礁石阻塞心念，动机便开始显现它真实的形态。因为你懂得他的所求，所以便理解他的每一分开心，也理解他的每一秒伤怀，把自己当作他，把他当作自己，你能感受到一种永不停息的流动。这就像一名舞者，从来不会评判自己的动作对与错，他只会全心投入，理解人性也需要这样的沉浸，理解他的愤怒，也知道在下个弯道处，愤怒有可能化为悲伤。

"希望"正是这种能量的附加品。它不是远方的灯塔，而是承载你前行的水流。每当你从"他为什么会这样"转向"他正在经历什么"时，每当你从"这不对"转为"这很有趣"时，你就为这个世界，多创造了一分理解的流动性。最终，我们会发现：真正的多元共存，不在于消除所有差异，而在于让每个动机，都找到它自然的同一性，这也正是庄子所言

"齐"之所在。

当你合上这本书时，愿你不带走任何结论，只带着这种流动的感知——这就像河流从不执着于任何一滴水，却永远拥有整片海洋。

捋清混沌的生活，带着希望向前！